老舗

時代を超えて愛される秘密

鶴岡 公幸 著

まえがき

　2011年3月11日に発生した東日本大震災は、戦後最大の国難といわれている。地震発生時、仙台市内で被災した私にとって、この年は今までの人生で経験したことのない激動の1年であった。長引く不景気も重なり、現代はモノがなかなか売れない時代であり、特に地方経済の疲弊は著しいといわれている。業種や業態にかかわらず大手企業の寡占化が進み、中小企業は淘汰されている。

　しかし本書で取り上げている老舗企業は、ほとんどが中小企業でありながら元気である。銀座4丁目にある銀座木村屋の前はいつも人だかりだ。新宿伊勢丹本店地下1階の「あめやえいたろう」の前には行列ができ、人気商品「スイートリップ」は開店数時間以内に品切れとなってしまうこともあり、なかなか購入できない。同製品はホワイトデー直前の2週間だけで、1,300万円〜1,400万円の売上があるという。

　また、宮城県石巻市にある笹かまぼこの白謙蒲鉾店は主力の工場が津波の被害に遭い、事業をほぼ再開できたのは7月からだが、その後、驚異的な回復を見せ、今期は過去最高の売上を予想している。秋田県湯沢市にある稲庭うどんの老舗、佐藤養助商店は、過去10年間毎年のように売上を伸ばし右肩上がりの成長を続けている。

　これらのことからいえることは、モノが売れない時代ではなく、売れるものと売れないものの格差がはっきりした時代になってきたということではないだろうか。

　たしかに、多くの企業における経営状況は近年とても厳しい。少子高齢化に伴う人口の減少という構造的な問題もある。しかし成熟市場においても、また不便な地方にあっても世の中には必ずヒット商品が

あり、数多くの競争を勝ち抜いて、なおも盛業を続ける老舗企業が存在するのも事実である。不景気、景気循環、プロダクトライフサイクル、地域格差は業績低迷の決定的な理由にはならない。未曾有の東日本大震災すら、老舗のブランド価値を押し流すことはなかった。

　盛業を続ける老舗企業には厳しい経済環境の中でも、競争の中で生き抜くための独自の業務プロセスと企業価値を高める仕組みが観察される。特に長年の研究開発によってもたらされる技術の蓄積から生まれた高度な品質と、競合他社との僅かな違いを維持するための小さな努力と工夫の積み重ねが、顧客からの信頼、安心、愛顧という大きな成果をもたらしている。

　本書の中で取り上げている老舗企業には、それぞれの業界が伸び悩み、あるいは長期的な低迷に喘いでいる中でも、顧客から長年愛され続けているブランド製品があり、私自身が研究者としてのみならず、一人の利用者、顧客、あるいはファンとして利用しているので、本書であえて事例として取り上げさせていただいたものである。

　どんなに経営が苦しくても企業は会計ルール上、ゴーイングコンサーン（going concern）、つまり事業を継続し、廃業や財産整理などをしないことを前提とした存在と考えられており、顧客に対してのみならず従業員、地域社会を含めた利害関係者（stakeholders）に対しても事業を継続する社会的使命と責任がある。であるならば、昨今のような低成長の時代において、企業規模こそさほど大きくはないものの長年事業を営んできた老舗企業こそ、今後の企業経営を考える上でのロールモデルになるのではないだろうか。

　成長市場においては新規顧客の獲得が重要なテーマだが、成熟市場においては既存顧客の維持とそのための顧客ロイヤリティの向上がマーケティング効率上不可欠である。この点においても老舗企業に学ぶべき点は多い。

　国境を海に囲まれ、太平洋戦争末期の沖縄諸島や北方領土を除けば、

まえがき

　他国により本土を武力占領されなかったこと、民族同士の大規模かつ長期的な内戦がなかったこともあり、諸外国と比較すると日本には老舗企業が多数存在している。数多い業種の中でも食品会社、特に和菓子をはじめ銘菓名産といわれる会社には中小規模の老舗企業が多く、その多くが江戸時代の後期から明治初期に創業し、関東大震災、太平洋戦争、そして今回の東日本大震災という苦難の時代を乗り越えて、現在でも盛業である。

　日本国民はどちらかといえば、昔のことはもちろん半年くらい前のことでも忘れっぽく、変わり身が早く、とかくムーディーに流される傾向がある。外国人から見れば、ミステリアスな部分も多い国民のようである。そんな移り気で、ある意味では節操なくコロッと変わる日本人が、長い年月を超えても変わらずに愛し続けているのが、老舗の商品である。

　多くの企業が誕生していると同時に廃業しており、それがある意味で産業史を形成し、産業社会の新陳代謝をもたらしているともいえるが、それではなぜ老舗企業は年月を経て老舗となり、また老舗であり続けていることができるのであろうか。本書は、日本を代表する老舗の食品企業数社の事例を紹介しながら、その特徴を特にマーケティングの視点で捉え、共通要素を抽出していくことを目的としている。本書が、元気と自信を失いつつある多くの日本企業の関係者のみならず、経営やマーケティングを学んでいる社会人、学生諸氏に何かしらの指針となれば幸いである。

2024年（令和6年）10月

鶴岡　公幸

※事例7社の会社データ、年表は2024年現在に更新されています。

目　次

まえがき

序　章　老舗とは何か　　1

〔1〕「老舗」のことばの由来……2
〔2〕中国においての老舗……2
〔3〕東京の老舗の集まり「東都のれん会」……3
〔4〕日本の老舗企業の実態……4

1章　老舗のマーケティングの特徴　　9

〔1〕マーケティングの視点から見た老舗……10
〔2〕製品（Product）について ── 4つの視点から考察……13
　①品質──老舗の製品は、顧客の期待・ニーズを裏切らない高品質……13
　②ブランド──「コピーされてこそ本物」類似商品は
　　　　　　　　　　　　　　　　　　本家商品の引き立て役……14
　③パッケージ──シンプルで、洗練され、威厳が感じられる……17
　④ネーミング──企業名は創業者の名前が少なくない……18
〔3〕価格（Price）について
　　　──顧客が納得するブランド価値に見合った価格……19
〔4〕プロモーション（Promotion）について
　　　──商品CMは少なく、店員の接客マナーは抜群……21
　・セレブリティーエンドースメントとは……22
〔5〕流通（Place）について
　　　──ブランド戦略とも密接に関連する流通戦略……22

vii

2章　和魂洋才（木村屋總本店）　　　27

　　「和魂洋才」とは……28
　　「和魂洋才」の歴史……28
　「和魂洋才」の草分け〔木村屋總本店〕……30
　■□ 木村屋總本店の概要……30
　　　• 首都圏に限定される販路……30
　　　• 木村屋の憲法「五つの幸福」と「四大目標」……31
　　　• 従業員、地域住民を大切にする企業文化……32
　　　• 首都圏を中心に定価販売でブランド価値を高めるマーケティング……33
　■□ 木村屋總本店の沿革……34
　　　• 酒種あんぱんの誕生……34
　　　• 明治天皇に献上され喜ばれた「あんぱん」……35
　木村光伯社長インタビュー……38
　　　★取材を終えて……43

3章　地域密着型マーケティング（白謙蒲鉾店）　　　45

　　その地でしか購入できない地域密着型マーケティング……46
　海の活をそのままに〔白謙蒲鉾店〕……47
　■□ 白謙蒲鉾店の概要……47
　　　• 世界的レベルの衛生・安全施設と徹底した品質・衛生管理……48
　　　• 立地を生かした「極上笹」の原料「キチジ」の水揚げ……48
　　　• 風味を引き立てながらつくりあげるかまぼこ……50
　白出征三社長インタビュー……54
　■□ 東日本大震災後の状況と白出社長のインタビュー……59
　　　★取材を終えて……67

4章　コアコンピタンスに基づいた製品開発
　　　　　　　　　　　（榮太樓總本鋪）　　　69

　　コアコンピタンスとは……70
　　「伝統と革新」～老舗経営者が語るキーワード……70

コアコンピタンスに基づいた製品開発〔榮太樓總本舗〕……72
　　　■ 榮太樓總本舗の概要……72
　　　　● 主力商品「梅ぼ志」の誕生……73
　　　　● 人気商品対応で飴専門店「あめやえいたろう」を出店……74
　　　■ 榮太樓總本舗の歴史……75
　　　細田　眞社長インタビュー……79
　　　　★取材を終えて……83

5章　顧客の生涯価値（山本海苔店）　87

　　顧客の生涯価値とは……88
　　　新規顧客獲得より既存顧客リピート購買のほうが効率的という概念……88
　一貫したイメージ戦略〔山本海苔店〕……90
　　　■ 山本海苔店の概要……90
　　　　● 共同開発、海苔加工品の幅を広げる……90
　　　　● イメージ戦略の象徴～ギネスに認定されたイメージキャラクター……91
　　　■ 山本海苔店の沿革……92
　　　　● 登録商標㊤の由来……93
　　　　● 関東大震災にも負けず新しい感覚と技術を取り入れる……93
　　　　●「緑化優良工場」として表彰、「水産食品加工施設HACCP認定
　　　　　　　制度認定工場」として稼働している秦野工場……95
　　　山本德治郎社長インタビュー……97
　　　　★取材を終えて……102

6章　ブランディング（千疋屋総本店）　105

　　ブランドとは……106
　　　消費者側から見たブランド、企業側から見たブランド……106
　高級フルーツショップの草分け〔千疋屋総本店〕……108
　　　■ 千疋屋総本店の概要……108
　　　　● 高級果物贈答品の代名詞"千疋屋"……108
　　　　● 進化するブランドとして新たなデザインを導入……109
　　　　● 超　流品の果物……110

- 超高級でも予約待ちのお客様でいっぱいの"千疋屋フルーツパーラー"と、レストラン"DE'METER"……112
- ■□ 千疋屋総本店の歴史……113
  - 新鮮さを保つための輸送に舟を利用……114
  - 外国産の果物も手掛け、高級品路線へ転換……114

大島有志生 常務取締役 企画・開発 部長インタビュー……117
- ★取材を終えて……121

7章　ジングル（文明堂） 123

- "ジングル"戦略とは……124
- "ジングル"の効用〜つい口ずさんでしまう……124
- 長崎銘菓を全国銘菓に〔文明堂東京〕……126
  - カステラの由来……126
  - クマの操り人形カンカンダンスのテレビCMの誕生……127
- ■□ 文明堂の沿革……128
  - 文明堂東京の「経営理念」と「行動指針」……129
- 広報担当インタビュー……132
  - ★ 取材を終えて……135

8章　伝統の継承と進化（佐藤養助商店） 137

- 戦略的なCSR活動とは……138
- 5つのCSR活動……139
  - ①コーポレイト・フィランソロピー (corporate philanthropy)……139
  - ②現物寄付……139
  - ③企業のリーダーシップと信用度の活用……139
  - ④人的資源政策の推進……140
  - ⑤対外業務政策の展開……140
- 稲庭うどんの老舗〔佐藤養助商店〕……141
- ■□ 佐藤養助商店の概要……141
  - 工場見学、うどん作り体験コースの実施で地場産業理解に貢献……141
  - 「一子相伝」の技と心……143

目　次

　　　・喉越し滑らかなうどん〜職人の勘と経験による丹念な練り上げ……143
　　■　佐藤養助商店の沿革……145
　　佐藤正明代表取締役インタビュー……147
　　　　★　取材を終えて……151

9章　老舗企業の今後の課題　　　　　　　　　　　　　　　155

　〔1〕看板商品の品質を死守
　　　　　　——品質の維持・向上（安全安心・信頼）……157
　〔2〕経営環境の変化に対応——消費者との良好な関係を構築……157
　〔3〕後継者育成計画（サクセッションプラン）
　　　　　　—— 早い時期から後継者を見極め、育成する ……159
　〔4〕ブランド管理の重要性を認識する……161
　〔5〕グローバル化への対応を考慮する……163

10章　老舗から何を学ぶか　　　　　　　　　　　　　　　　165

　〔1〕経営理念の継承……166
　〔2〕人材育成と採用……168
　〔3〕PLC モデルからの脱却……169
　〔4〕取引先と共存共栄、WIN-WIN の関係を構築する……171
　〔5〕積極的な設備投資……172
　〔6〕時代に合わせたマーケティング……172
　〔7〕社員の満足をはかる
　　　　　　——顧客満足と社員満足と企業満足は三位一体……174
　〔8〕凡事も徹底してやる……174

あとがき……176

※本文中の写真は事例各企業より提供。

序章　老舗とは何か

〔1〕「老舗」のことばの由来

　老舗(しにせ)とは、先祖代々にわたって伝統的に事業を行っている小売店・企業（会社）などのことを一般的に指す。語源由来辞典によると、動詞「仕似(しに)す」に由来し、「似せる」「真似てする」などの意味で、江戸時代に家業を絶やさず継続する意味となり、長年商売をして信頼を得る意味で用いられるようになったと書かれている。やがて「しにす」が名詞化され「しにせ」になったようだ。老舗の「老」は長い経験を意味し、「舗」は店舗を意味することから、当て字として用いられるようになった。

　老舗の意味を調べると、広辞苑には「先祖代々から続いて繁盛している店。またそれによって得た顧客の信用・愛顧」と記されている。一方、東京商工リサーチでは、「創業 30 年以上事業を行っている企業」となっている。企業の寿命は平均 30 年程度といわれているから、その意味では老舗は寿命を過ぎても存続し、かつブランドとしての資産価値を持つ長寿企業ということができる。筆者が所属する宮城大学食産業研究科に所属する大学院生に「老舗とは何か」と尋ねたところ、「由緒正しく古くから事業を続けている会社」という回答であった。

〔2〕中国においての老舗

　ところで中国語では老舗のことを「老字号(ラオジハオ)」という。老字号とは中国政府から正式に認定された由緒正しき名店にのみ与えられる称号で、100 年以上の歴史を持つ老舗が認定されている。老字号を持つ老舗の製品をお土産にすると、中国の人々にとても喜ばれるという。

　現在上海に住んでいる友人によると、漢方薬、月餅、中華饅頭などの老舗があるという。たとえば、「狗不理(コウプリ)」は、中国の天津市にある

中国を代表する包子(パオズ)専門の中華老字号を有する老舗である。「狗不理(コウブリ)」とは「犬もかまわない」という意味である。

この変わった名前の由来に関しては諸説あるが、最も一般的なものは、幼少時に不運から守るため「狗子(クシ)」と呼ばれていた「狗不理」の創業者である高貴友が、包子の製造と販売に精を出し、それ以外のことに一切構わなかった（不理）ことに由来するという説である。ある役人が天津から持ち帰った狗不理包子を西太后が食べ、美味であると賞め称えられたため名声が一気に広まったとされる（狗不理ブランドは天津狗不理集団有限公司が所有していたが、2005年に中国の製薬会社同仁堂（Tong Ren Tang）に売却された）。

また中国で老舗といえば、北京ダックの「全聚徳(ゼンシュトク)」が思い浮かぶ。同店のホームページによると、北京ダックはかつて明朝宮廷の高級料理で、宮廷では「金陵ダック」と呼ばれていた。15世紀初期、明朝が都を北京に移すと同時に、ローストダックの調理技術も北京に伝わった。北京ダックは皇帝や宮廷の人々に愛され、清の時代には宮廷料理としての地位をさらに高めた。

全聚徳は1864年（清朝同治3年）に楊全仁によって創業され、すでに140年以上の歳月が経っている。楊は鶏やアヒルの肉を売って生計を立てていたが、干し果物屋「徳聚全(トクシュゼン)」が倒産したときに、全財産を投じてその店を買い取った後、風水師のアドバイスに従い名前を「全聚徳」に改め、宮廷で炙り鴨を調理していた料理人孫を迎え、炙り炉による絶妙な美味しさの鴨料理を宮廷から民間へと伝えたという。

〔3〕東京の老舗の集まり「東都のれん会」

老舗の意味は、広義には商業に関係しないながらも、古くから関連する活動形態の先駆的な組織・団体を指す場合もあるようだ。しかし、一般的には「老舗」というと、古くからある店舗やその店舗を足掛か

りとして業績を伸ばし法人化して企業になった組織を指し、その多くでは豊富なノウハウと、培われた信用、高いブランド力、また人的資産によって安定した顧客層を有することになる。ただ歴史が長いだけの長寿企業ではなく、ブランド力によって、世の中で昔から輝きをはなっているのが老舗である。

東京には老舗の集まりとして「東都（とうと）のれん会」がある。同会は、戦後まもない 1951 年（昭和 26 年）に設立された古い団体で、「江戸・東京で 3 代、100 年以上、同業で継続し、現在も盛業」の条件を満たす 53 店舗からなる。

会の名前は、江戸と東京を一語で表す「東都」と、老舗を表す「のれん」の二語から命名された。第二次世界大戦後、戦災の荒廃から立ち直ろうとしていた時期において、江戸・東京で商売を続けてきた店主たちが、古き良き伝統が失われることを危惧し、伝統の継承と発展をともに目指すことを目的として発足させた。

これまで、会員相互の親睦を軸に、東京駅地下などでの協同広告の掲載、1969 年（昭和 44 年）から継続する日本橋三越本店における「東都のれん老舗の会」や「味と技の大江戸展」への出店などを行ってきた。現在、新たな事業や、ホームページ、メールマガジンなどを通じた広報活動を通じて、「江戸・東京」の伝統と文化の担い手の役割を果たす展開を進めている。本書で事例として紹介する木村屋總本店、榮太樓總本鋪、山本海苔店、千疋屋総本店も、この東都のれん会のメンバー企業である。

〔4〕日本の老舗企業の実態

以上のことから、インタビュー取材を通して情報提供をいただいた老舗企業は、少なくとも「創業してから 100 年以上が経過し、同業を継続し、現在も盛業である」ことを前提としている。100 年といえ

ば、大正（14年）、昭和（63年）、平成（23年）を合わせるとちょうど100年となるので、少なくとも大正元年には事業を開始した企業と定義できる。100年事業を継続してきたということは、少なくとも3代にわたり経営を継承し、関東大震災と太平洋戦争そして東日本大震災という苦難の時代を生き抜いてこられたということである。老舗と呼ばれる企業は経営者が何代にもわたって交代しながら経営を続け、紆余曲折を経ながらも世代を超えて存続しているのである。

　なお、個人経営の中小企業では世襲的に一族が受け継いでいる場合が多いが、企業規模が大きなところでは、多角化や市場ニーズに柔軟に対応する上で分割や合併を繰り返しながら、幾度となく経営者を交代する傾向も見られる。なお大企業であっても代表取締役（＝社長）は世襲で、同族以外で構成される役員会が下部組織を担っているなどの業態をとるケースも見られる。

　創業ないし設立から100年以上経っている企業を老舗企業とすると、日本の老舗企業数は5万社とも10万社以上ともいわれる。老舗の定義によってその数は変わってくるが、帝国データバンクのデータベースによれば、老舗企業は日本に約2万社あり、企業全体のわずか1.64％である。そのうち200年以上経っている江戸時代以来の老舗企業は938社、300年以上の老舗企業は435社とだんだん少なくなるが、

図表序－1　日本における老舗企業数（2008年）

	企業数（社）	構成比（％）
企業総数	1,188,474	100.00
100年以上（老舗企業）	19,518	1.64
うち200年以上	938	0.08
うち300年以上	435	0.04

（注）宗教法人、学校法人、医療法人等非営利法人を除く営利企業ベース。帝国データバンク企業概要データベース「COSMOS2」による。
（資料）『百年続く企業の条件』帝国データバンク史料館・産業調査部編（朝日新聞出版）2009年

それでもかなりの数にのぼる。

　日本最古であるばかりでなく世界最古と考えられているのは、大阪の「金剛組」であり、創業は大化の改新以前の元号もない時代（578年）で、2011年までに1433年も続いている。江戸時代までは四天王寺のお抱え宮大工として毎年一定の禄を得ていたが、明治以後、四天王寺が寺領を失い、戦後には、金剛組は需要の少なくなった寺社建築ばかりでなく、マンション、オフィスビルなど一般建築も手がけるようになった。金剛組もバブル崩壊の影響を受け、他のゼネコンの支援を受け、債務を切り離して従業員や宮大工を新会社に引き継ぐかたちで存続をはかっている。

　業種では、旅館、料亭、酒造、和菓子で4割を占めているらしく、日本における100年以上続く老舗の数は他国を圧倒している。日本の次に多いドイツでは、パン、地ビールの老舗が多い。本書で取り上げる事例には和菓子が多いが、和菓子は、平安末期に砂糖が輸入され、国内でも生産されるようになったものである。一方、茶の栽培が盛んとなった影響を受け、茶菓子（点心、茶子）が求められるようになり、砂糖とまみえて現在の和菓子の源流が生まれたと考えられている。その後、フランシスコ・ザビエルの日本上陸（1549年：天文18年）以来、室町時代末期から安土桃山時代に、ポルトガル人やスペイン人により砂糖や卵を用いたカスティラ、カラメルなどのお菓子が持ち込ま

図表序－2　創業150年以上の老舗企業の例

創業年	社　名	本拠地
創業1184年（寿永3年）	ホテル佐勘（旅館）	仙台市
創業1526年（大永6年）	虎屋（菓子製造）	東京都
創業1611年（慶長16年）	松坂屋（百貨店）	名古屋市
創業1707年（宝永4年）	赤福（生菓子）	伊勢市
創業1819年（文政2年）	藤崎（百貨店）	仙台市
創業1852年（嘉永5年）	柏屋（菓子製造）	郡山市

れ、我が国のお菓子文化に大変革をもたらす。江戸時代に入ると茶道とともに発達した上流階級の菓子である「京菓子」として独特の発展をしたが、一方、政治・経済・文化の中心が江戸に移るにつれ、庶民にも手の届く生活に密着したいろいろな菓子が作られた。現在の和菓子のほとんどが、この時代に創作されたといえよう。

　新会社を興してから5年経営できる企業は10％程度しかないといわれる中、全国の1.64％の企業が100年以上の歴史を持つという事実は興味深い。平均寿命をはるかに過ぎても長くしかも元気に存続している会社、激しい競争と変化する時代を生き抜いてきた老舗の秘訣について、これより考察していきたい。

〔参考資料〕
・東都のれん会ホームページ　https://www.norenkai.net/
・『百年続く企業の条件』帝国データバンク史料館・産業調査部編（朝日新聞出版）2009年

1章　老舗のマーケティングの特徴

〔1〕マーケティングの視点から見た老舗

　老舗は、なぜ老舗として長年、人々に選別され事業を継承できているのだろうか。経営の根幹をなす財務体質や人事体制の基盤がしっかりしていることは言うまでもないが、外部の観察からでもある程度、垣間見ることができるマーケティングの視点で本章では述べてみたい。

　老舗にはその商品を繰り返し愛好する顧客層、すなわち固定客、常連客（英語では patron）が多数存在する。老舗には長年かけて形成されたブランド価値があるために、世の中から信頼されており、結果として銀行取引でも有利に働く傾向があると思われる。つまり老舗には資産としてのブランド、ブランドエクイティ（ブランド資産）が存在する。そしてその中核をなすのが、長い歴史の中で生き続けている看板製品である。本章では老舗の看板製品が永く顧客から愛され、売れ続ける仕組み、すなわちマーケティングの特徴についてマーケティングミックスの構成要素である製造側から見たマッカーシーの4P（Product, Price, Promotion, Place）、顧客の視点から捉えた4C（Customer's Needs, Cost, Communication, Convenience）を使って述

図表1－1　マーケティングの4Pと4C

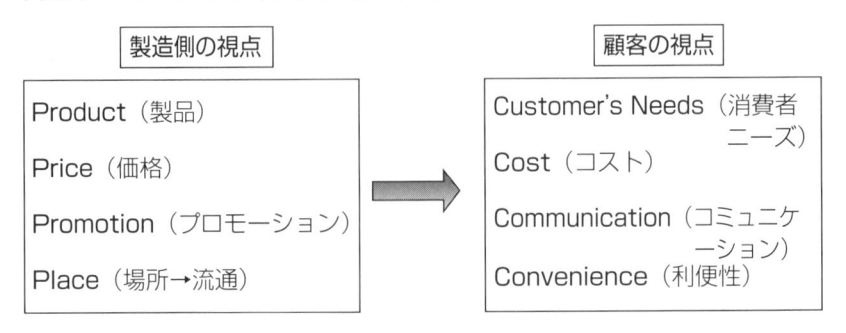

製造側の視点	顧客の視点
Product（製品） Price（価格） Promotion（プロモーション） Place（場所→流通）	Customer's Needs（消費者ニーズ） Cost（コスト） Communication（コミュニケーション） Convenience（利便性）

べてみたい（図表1-1）。

マッカーシーの4Pとは、マーケティング活動を遂行するための代表的な4つの手段（製品・価格・プロモーション・流通）を意味するが、この4Pのバランスを取りながら組み合わせることを、マーケティングミックス（図表1-2、図表1-3）という。マーケティングミックスによって、顧客は、企業やその製品・サービスを認識し、その結果としてコーポレートイメージやブランドイメージを抱く。したがって、老舗企業は現在のマーケティングミックスを再構築し、自社の強みを活かした差別化戦略をはかっている（図表1-4）。独自の技術を核として、顧客に訴える製品・サービスとは何か、価格はどうあるべきか、どのような販売ルートをとるか、広告・販売促進をどのように進めるかといった要素の最適化を常に考えていなければならない。

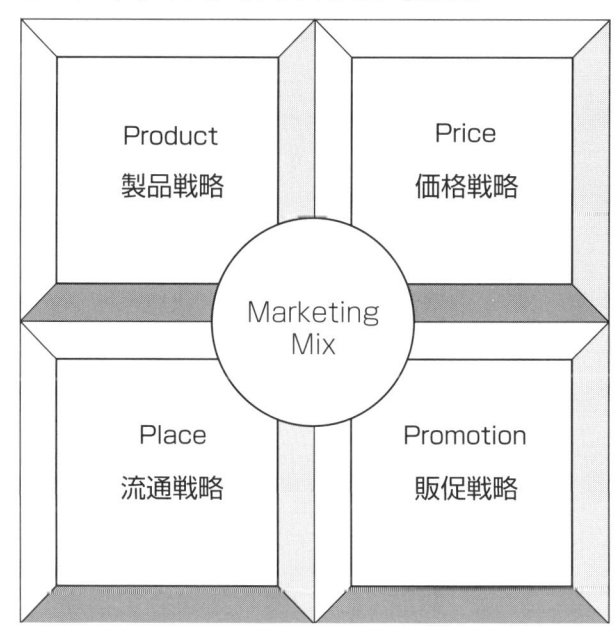

図表1－2　マーケティングミックスをどう考えるか

Product 製品戦略	Price 価格戦略
Place 流通戦略	Promotion 販促戦略

中央：Marketing Mix

図表1－3　マーケティングミックスの具体的要素

製　品	価　格	プロモーション	チャネル
品質	出荷価格	広告・宣伝	流通チャネル
機能	体系（建値）	販売促進	物流
ブランドネーム	プロモーション	（セールスプロモーション）	配荷率
サイズと重量	価格		立地条件
パッケージ	特売	販売・営業	流通在庫
デザイン	オープン	広報（PR）	ダイレクトマーケティング
原材料	販促金	パブリシティ	
製法	支払条件	アンテナショップ	
環境	支払期間		
ライン	再販価格		
サービス			
保証			
返品			

図表1－4　マーケティングミックスの最適化

重要ポイント
現在のマーケティングミックスを再構築し、自社の強みを生かした差別化戦略を考える。

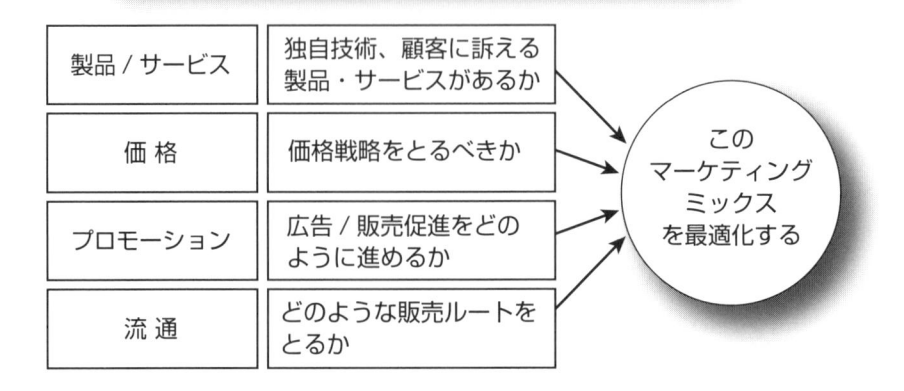

製品／サービス	独自技術、顧客に訴える製品・サービスがあるか
価　格	価格戦略をとるべきか
プロモーション	広告／販売促進をどのように進めるか
流　通	どのような販売ルートをとるか

→ このマーケティングミックスを最適化する

〔2〕製品（Product）について
    ──4つの視点から考察

　製品を構成する要素には、品質、ブランド、パッケージ、ネーミング、サイズ、重量などがあるが、ここでは、品質、ブランド、パッケージ、ネーミングについて詳しく見ていこう。

❶ **品質**──老舗の製品は、顧客の期待・ニーズを裏切らない高品質

　老舗の製品は品質第一で、顧客の期待やニーズ（customer's needs）を決して裏切らない高品質を維持している。顧客満足とは、実際と期待値の引き算である。実際が期待値を上回れば、顧客満足となる。一方、期待値のほうが実際を上回れば、期待外れ、顧客不満足となる。現状顧客の多くが昔からの常連客（patron）であるため、微妙な品質の違いも直観的に見抜かれてしまうので、常に品質維持、品質向上に努めなくてはならない。「何々の○○最近味が落ちた」というような会話がよく囁かれる。その多くは繁盛店になり過ぎた結果、品質管理が行き届かず、品質を伴わない大量生産の末、顧客の期待を裏切った結果であることが多い。これは新興のラーメン店など外食産業によく見られる特徴である。

　一方、常連客が自分の家族や友人など周辺に口コミで広げることで、長い間、安定的な人気を維持しているのが老舗の製品の特徴である。したがって品質維持のために、その食材の調達先にはこだわりが強い。中華料理の福臨門が、看板商品である「干し鮑となまこの牡蠣ソース煮込み」の食材としてずっと使用していた三陸産のアワビが東日本大震災のため調達できなくなり、困っているという。しかしだからといって、原材料に関して同じ製品名であっても、時代に即してより適したものが調達できれば、原材料の仕入先を変更することを躊躇

しているわけではない。本書で取り上げる木村屋のあんぱんは、よりよい原材料を求めて調達先を時代とともに変え、味についても微妙な調整（fine-tuning）をしている。白謙蒲鉾も年に 4 回微妙に味を変えているそうだ。このような絶え間ない研究努力が老舗の製品を支えている。

❷ ブランド ──「コピーされてこそ本物」類似商品は本家商品の引き立て役

　ブランドとは何か、この問いかけは古くて新しいマーケティングの永遠の課題であるが、簡単に一言で表現するなら、顧客からの信頼である。そしてブランドを構成する要素として、ロゴマーク、シンボル、キャラクター、パッケージ、スローガンなどがある。それでは、アイスクリームのトップブランド、ハーゲンダッツを例に説明しよう。

　日本におけるハーゲンダッツのブランド力は抜群である。日経リサーチがインターネットモニターを対象に、代表的なアイスクリーム 23 種のうち「食べてみたい」もの 5 つを選んでもらった調査では、「ハーゲンダッツ（得票数 1103 票）」が、明治乳業の「AYA（636 票）」、ベルギーの高級チョコレートブランド「ゴディバ（628 票）」、ロッテ冷菓の「レディーボーデン（520 票）」などを抑えて、ダントツの 1 位であった。

　アイスクリームは、特にブランド・スイッチが激しく、毎年たくさんの新商品が投入され、たくさんの銘柄が市場から姿を消していく「飽きられやすい」あるいは「銘柄が覚えられない」商品である。ブランド育成の難しさは、「各種アイスクリーム〇〇円」のようにスーパーマーケットなどで「各種」扱いされることでもわかる。また、アイスクリーム事業は、冷凍食品と同じで「まとめて何割引」の商品になりやすく、一般に、過当競争で利益を出しにくいといわれる。

　こうした多産多死の銘柄競争に加えて、季節商品としてのリスクが

重なる。猛暑になるのか冷夏になるのか、という夏の天候に左右される上に、何ヵ月も前から作り込んでおいた商品がヒットしなかった場合の在庫リスクも大きい。このような市場にあってハーゲンダッツは、通年商品として季節を超えて消費者から高い支持を得て、高級アイスクリームとしてのステータスをしっかり確立している。

通常アイスクリームが最も売れるのは暑い7月〜8月頃と考えられるが、ハーゲンダッツが最もよく売れるのは12月のホリデーシーズンであるという。ボーナスも入り、少しだけリッチな気分を自分だけで味わいたい季節に個食ニーズを満たしてくれるハーゲンダッツのアイスクリームはぴったりなのだ。

ハーゲンダッツのブランド戦略の背後には、「ブランド・マニュアル」や「ブランドキャラクター・ステートメント」を中心とした徹底したブランド管理があった。たとえば、ブランド・マニュアルでは、ブランドの歴史やビジョンに始まり、パッケージやロゴの使い方、広告のガイドライン、価格帯、流通などに至るまで、ブランド管理に関する規定があり、ブランドキャラクター・ステートメントでは、ハーゲンダッツというブランドを「嗜好品としての食体験を完璧な形で具現化したもの（Häagen-Dazs embodies perfection in indulgent food experience）」と定義した上で、このブランドにまつわるすべての事柄や活動は、消費者に対する「類まれなる食体験（a truly exceptional eating experience）」の提供を保証するものでなければならないと規定しているという。

一方、老舗には強力なブランド力があるため、老舗の看板製品には必ずといってよいほど、数多くの類似製品が存在するという特徴があり、そのため訴訟が提起されることすらある。2011年11月29日の読売新聞によれば、北海道を代表する土産菓子「白い恋人」を製造・販売する石屋製菓（札幌市）は、吉本興業と子会社「よしもとクリエイティブ・エージェンシー」など3社に対し、商標法と不正競争防止

法に基づき、菓子「面白い恋人」の販売と包装の使用差し止めを求める訴えを札幌地裁に起こした。札幌市内で 28 日に記者会見した石屋製菓の島田俊平社長は、「将来にわたってブランドを守れるかどうかは当社の存続にもかかわる問題」と述べたという。

筆者が在住する仙台市の銘菓のひとつ、菓匠三全の看板商品「萩の月」の類似商品と思われる製品は実に多い。「萩の月」は「仙台らしさ」を商品コンセプトとし、形状を月に見立て、宮城県の県花である萩の野原を照らす姿をイメージして命名され、1977 年に開発されたカスタードクリームをカステラで包んだ菓子である。仙台と横浜で二重生活をしている筆者は、高速バスを利用し仙台駅と新宿駅を毎週のように往復しているが、東北道のサービスエリアおよびその周辺には「萩の月」の類似商品だらけである。「磐梯の月」「日光の月」「御用邸の月」（「那須の月」から 2011 年 7 月に改名）、「みかもの月」など枚挙にいとまがない。

形状や値段にほとんど差異はなく、食べてみるとそれなりにどれもが美味しいが、筆者には包装の美しさ、しっとり感は「萩の月」が一番のように思われる。一般的に日本の菓子業界は、製造技術に関する特許権を強く主張することがなく、「萩の月」においても同様である。特許の取得は、独創的な技術に関する開発者の権利を保護するものであるが、同時にその技術は公開され、特許料の支払いにより技術の利用が可能となる。筆者の元同僚の小田勝己元宮城大学食産業学部教授（故人）によると、「萩の月」の技術は特許申請されることなく、結果的に「ブラックボックス化」され、他社が新規参入する上での技術的な参入障壁となり、同社の競争優位をもたらすことになったと分析している。

「萩の月」の類似商品の誕生の経緯はともかく、消費者としては、これらの類似製品は、もともと「萩の月」をモデルとして製造されているのではないかとつい思ってしまうので、食べる前から「萩の月」

の七掛のような先入観を持ってしまいがちだ。自分で食べる分はともかく、お土産として持参するには気が引けてしまう。実際、地方に行って疑似商品をお土産に買っていく旅行客はまずいないであろう。また福島県郡山市に本拠を置く柏屋の「薄皮饅頭」は、東北地方を代表する土産物のひとつであるが、同じ福島県郡山市の小山製菓も「薄皮まんじゅう」を製造・販売している。東北道の上河内サービスエリアでは12個入り840円で販売されている。

しかし疑似商品の存在が、営業的にマイナスとして機能しているかというと、必ずしもそうとはいえない。むしろ逆で、本家のブランド力をかえって高めているように思われる。つまり類似商品の存在が、本家と思われている製品の引き立て役になっているようにも感じられる。ココ・シャネル（Coco Chanel、1883年〜1971年、フランスの女性ファッションデザイナー）は、生前「コピーされてこそ本物」と語ったそうだ。考えてみると、老舗の看板商品は、すでにブランド資産が形成されているので、疑似商品の存在はビジネスの支障には必ずしもならない。姿、形では真似されても、品質についてはすでにスタンダードになっており、顧客の意識に定着しているので、簡単には追いつくことができない製品である。

その他の老舗製品の特徴としては、季節感を大切にする、シーズンキャンペーンに秀でており「かもめの玉子」（さいとう製菓株式会社、岩手県大船渡市）などがよい事例であろう。日本は四季のはっきりした国であり、春夏秋冬の季節感を織り込んだキャンペーンを随時実施している。

❸ **パッケージ** —— シンプルで、洗練され、威厳が感じられる

老舗の製品のパッケージには派手さはなく、シンプルでありながら、洗練（sophisticated）されていて、威厳を感じさせるものが多い。包装紙では、三越や高島屋のものが有名であるが、持っていると即座に

○○デパートのものとわかる。虎屋の手提げ袋も持っているだけで目立ち、しかも作りがしっかりしているので、その後も使用できる。デザインの基調は一般的にすでに知られているので長年大きな変更はせず、子供の頃のイメージがそのまま続いている。

　前述の「萩の月」は仙台土産の定番となっているが、1979年発売当初の売れ行きは芳しくなかった。しかし、時を同じくして仙台空港から福岡行きの直行便が就航し、新しい機内サービス用の菓子として採用された。機内客配布用に、月明かりを眺める和服美人のイラストの入ったおしゃれなデザインの小箱が考案された。フィルム包装をした上にそれを箱に入れる包装は、一見、過剰包装とも思われるが、それがかえって「萩の月」の高級感を高め、観光客、出張者、贈答品としてのニーズにマッチした。この「萩の月」のデビューによって、菓匠三全の売上はその後、飛躍的に伸びることになったのである。

❹ ネーミング——企業名は創業者の名前が少なくない

　商品は、ネーミングによりそのイメージや価値観が規定されるが、長く続いている老舗は、企業名そのものが信用指標となる。老舗の企業名は、創業者の名前からきているケースが少なくない。小田原のかまぼこの老舗「鈴廣」は、創業者、鈴木廣吉からきているし、「白謙蒲鉾店」は、初代の白出謙三からきている。「榮太樓總本鋪」も会社の基盤を築いた3代目の幼名「榮太郎」からきている。「榮太郎」「榮太楼」「栄太郎」など「えいたろう」という名称のつく会社は全国に18社程度存在するという。

　ちなみに「太」という漢字は、「大」よりも大きいもの、比較できないものを表す漢字として使われるもので、いわゆる最上級・最高級という意味もある。たとえば「太陽」がそれにあたる。恒星は宇宙に幾多とあるが、地球に光や熱を降り注ぎ、生命エネルギーの源といえるものは太陽ひとつだけで、比較するものは何もない。「太皇」は最

も皇位の高い天子を意味する。「太宰」は官職の最高位、総理大臣を意味する。

このように「太」という字には、最高とか最古、そしてオンリーワンともいえる意味合いがあり、他の文字と組み合わせその文字を装飾・形容する意味合いを持っているようだ。英語でいえば、「best」とか「most」になる。筆者の知人で外資系の人事コンサルタントをしている女性がいるが、彼女の名前は「太紀恵（たきえ）」という。彼女は、女の子の名前に「太」という字を使われたことが全く理解できなかったので、ある日、両親にたずねたところ、生命判断では「太」という字は商売繁盛でお金がたくさん入り、自分も周りも幸せになれるという意味だと知らされ、はじめて納得したという。

食品の老舗企業では、「木村屋」「うさぎや」「とらや」などの名称も全国に点在しており、すべてがのれん分けというわけではない。老舗の企業名は、ブランドが形成されているため、それ自体で信用があるため、老舗の名前を使う会社が多く存在するわけである。

〔3〕価格（Price）について
——顧客が納得するブランド価値に見合った価格

老舗経営者へのインタビュー取材では、ほぼすべての経営者が、「自社製品の価格は品質に見合った適正価格である」という回答であった。普通に考えると高値はもちろん顧客にとって有難くはないが、かといって原価を割るような不当な安値も中長期的には業界の体力を弱めるのでよくない。近江商人の教えでは、本当の商人は、値引きするような中途半端な商品は扱わないとしている。

顧客の立場でいえば、一般的に老舗製品の価格はやや高めに設定されていると思われるが、品質を維持するためには最高品質の原材料を厳選しなければならず、また老舗食品企業の多くは販売量や販売エリ

アを限定しているので、大量仕入れにより、価格を低く抑えることも現実的にはかなり難しい。

　老舗にはブランド力があるので、そのブランド価値に対して顧客は費用（cost）を支払うのであり、安易な安売りはブランド価値を低減してしまうので避けなければならない。ココ・シャネルやティファニーやグッチの製品は高いからこそ価値があるのであり、安いブランドは疑似製品ではないかとかえって疑われてしまう。食品に関していえば、老舗の製品は、贈答品として使われることが多いので、安物買いと思われるわけにはいかない。本書で取り上げている千疋屋のマスクメロンなどは、「こんなに高価なものを贈ってくださって誠に有難うございます」という顧客の期待を裏切ってはならないのである。

　先日、長女の二十歳の誕生日祝いに牛鍋の老舗「太田なわのれん」（横浜市中区末吉町）に行った。牛鍋は文明開花の江戸後期から明治初期において食されるようになったもので、スキヤキの原型といわれている。牛鍋は、後述の木村屋總本店で取り上げるパンとともに西洋文明の香りを漂わせる明治初期に登場した食べ物の代表であるが、同店の牛鍋ランチコースは昼食であっても一人7,870円である。キャンペーン期間中に松屋や、すき家の牛丼なら30杯以上注文できる高値であり、一般人にとっては特別なお祝いのとき以外は手が出ない値段だが、それでも事業が成り立っていることは驚きである。

　太田なわのれんは、横浜の地で、1868年（明治元年）に初代・高橋音吉が鉄なべ使用の牛鍋で創業し、現在まで140年余り、今も引き継がれている。現在の建物は、1996年（平成8年）6月に改築。1885年（明治18年）に2代目が自費で道路の埋め立てを行ったために、一時、店を太田（赤門付近）に移した。そのときに、入り口に「太田の牛や」と縄のれんを下げていたので、世間では太田縄のれんと呼ぶようになり、それが店名となった。

　縄のれんはその当時、衛生的見地から蠅(はえ)が店内に入らないようにす

る唯一の方法だったのである。現在の末吉町に店を新築し商売を続けていたが、牛肉を焼かずに煮て食べる方法を考え、当時行われていた牡丹鍋（山猪鍋）にヒントを得て、醬油または味噌をタレにして葱で臭みを消すなどの工夫を凝らし、浅い鉄鍋を用いることを考え出してほぼ今日の牛鍋の形を備えるようになった。同店の牛鍋は肉を焼かずに味噌で煮て、その風味と葱で肉の臭みを消し、炭火の七輪にかけた浅い鉄鍋の火回しで独特の仕上がりを工夫するというものであった。これは、今も変わらず守り続けている手法で、肉はすべて「ぶつ切り」。それが、かえってお客様に喜ばれたのだと語り継がれている。

〔4〕プロモーション（Promotion）について
──商品CMは少なく、店員の接客マナーは抜群

　企業から見れば、プロモーションは販売推進のための手段であるが、顧客の視点に立てば、その製造業者、販売店との間におけるコミュニケーションツールということになる。

　老舗のプロモーションの特徴は、いわゆるテレビによるCMなど、マスメディアにおける製品広告、宣伝をほとんど行っていないことである。本書で取り上げている白謙蒲鉾店、文明堂、山本海苔店のテレビCMは、企業広告であって、個別の製品の販売推進をねらった製品広告ではない。

　また顧客とのコミュニケーションにおいて、老舗の店舗における店員の接客マナーは実に丁寧であり行き届いている。マナー教育が徹底しているのだ。接客マナーは、愛想が良いとか、いつも笑顔というだけでなく、顧客からの要望や質問への対応力を含めてのことであり、そのためには商品知識やその製品を使用される場面（シーン）に関する知識が欠かせない。したがって老舗企業の多くは、社員に対して、接客マナーのみならず、製品および関連知識の教育にも細心の注意を

払っている。

●セレブリティーエンドースメントとは

　老舗の製品は、昔から有名人（celebrity）が推奨していることが少なくない。マーケティングでは、セレブリティーエンドースメント（celebrity endorsement）といい、プロモーション手法のひとつとして位置付けられている。

　例を挙げると、美食家として知られる池波正太郎が東京お茶の水にある山の上ホテルのてんぷら屋「山の上」、作家の丸谷才一が横浜中華街の中華大通りにある「海南飯店」の蒸し魚（価格は時価）を絶賛していたこと、永井荷風のお気に入りだった神楽坂のうなぎ店「たつみや」、棟方志功が新宿歌舞伎町のとんかつの「すずや」のトンカツ茶づけを好んでいたエピソードなど、飲食店にまつわる逸話は多い。本書で事例として取り上げた木村屋は徳川慶喜や明治天皇、千疋屋は西郷隆盛、佐藤養助商店は谷崎潤一郎などが贔屓としていた記録が残されている。

〔5〕流通（Place）について
　　──ブランド戦略とも密接に関連する流通戦略

　老舗の製品は、虎屋の羊羹や文明堂のカステラのように全国的に広く売られているものもあるが、一般的には地域限定であることが多く、ある意味では顧客にとっての利便性（convenience）とは相反することが少なくない。しかし、そのためにかえって希少性が高まり、顧客のウォンツ（wants）を高めている。通信販売のような無店舗販売を除けば、その場所に行かなくては購入できない製品が多い。品質の維持とマーケティングコストの効率性という観点では全国的に面で広げるよりも、特定の地域にドミナント出店をするほうが効率的である。

流通に関しては、規模の拡大による全国への分散ではなく、ある特定エリアにおける選択と集中が見受けられる。高度成長期には、高速道路網の整備、スーパーマーケットのチェーン展開により、大手菓子メーカーのナショナルブランド化が進み、地方における中小の菓子製造業の優位性を失わせた。

このような状況の中で、中途半端な規模拡大を控え、地域限定的な差別化戦略をとった企業が生き残っている。「萩の月」のブランド構築の背景には、首都圏、近畿圏、中京圏のような大消費地に進出するのを控え、仙台およびその周辺でなければ入手できない地域限定性により、その商品価値を高めたことが挙げられる。

先に述べたハーゲンダッツの日本進出当時の状況を説明すると、ハーゲンダッツのショップは、青山に続いて、1985年のゴールデンウィークに横浜と原宿にオープン、その後、大阪、神戸、京都へと広げたが、一方で日本橋高島屋の百貨店、紀ノ国屋のような高級スーパーで、持ち帰り用のパイントを販売していた。しかしハーゲンダッツは、販路をむやみに拡大することはしなかった。マスコミが注目してハーゲンダッツの話題性が高まったために取り扱いを希望する店が増えたが、ハーゲンダッツは、慎重に販売店を選別していった。理由は温度管理を厳格にするためである。

アイスクリームの中には、アイスクリスタルという氷の結晶があるが、この結晶は、時間の経過と温度の上昇で成長し、70ミクロンを超えるとヒートショックという現象が起こり、食べたときにザラザラ感が生じるという。このため、ハーゲンダッツでは、なめらかな食感を維持するために、アイスクリスタルの大きさを39ミクロンに設定し、生産ラインはもとより、流通段階でも、倉庫保管時はマイナス26℃、輸送時にはマイナス20℃という温度管理を徹底しており、販売店でも温度管理ができない店には取り扱いを許さないことにしたのである。ハーゲンダッツは、1980年代、販売店を厳選しながら供給

を抑制して、希少価値を維持した。まさに「一流の品は、一流の店に置く」というポリシーがうかがえる。

このように流通戦略は単なる販路の問題ではなく、ブランド戦略とも密接に関連してくるのである。

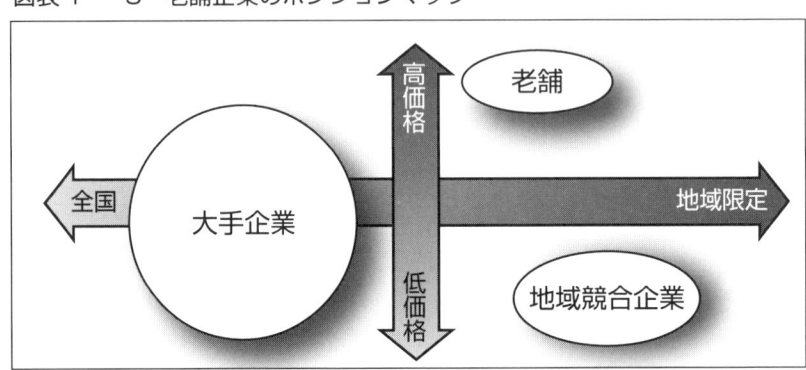

図表1－5　老舗企業のポジションマップ

以上、述べてきたことを踏まえると、老舗の企業をポジションマップで表すと一般的には図表1-5のとおりとなる。ポジションマップの目的は、競合商品を消費者の知覚の次元で分類し、空白(ないしは過疎)の象限の市場機会を探ることにある。そのため、顧客が価値を感じる特性、機能、利便性、サービスなどの中から最も自社の戦略に合う項目を抽出し、それをタテ、ヨコの軸にとって訴求点を明確にする必要がある。縦軸、横軸が相関の強いものは、2軸を取る意味がなくなる。

図表1-6　一般企業と老舗のマーケティングの違い

項　目	一般企業	老　舗
価格	値引き	定価
製品	多品種（品揃え）	ブランド製品に集中
販売促進	広告・宣伝	口コミ、メディアによる取材
流通	全国に点在	本拠地に集中
原価	安く抑える	高いレベルを維持
顧客満足	普通	高い
利便性	便利	やや不便
コミュニケーション	チラシ・クーポン	笑顔・マナーの良い対応

〔参考資料〕
・『中小食品企業のマーケティング読本―伝統食品マーケティングの実際―』中島正道・辻雅司編著（農林統計協会）2006年
・太田なわのれんホームページ　https://www.ohtanawanoren.jp/
・日本経済新聞「NIKKEIプラス1」2002年6月8日付朝刊
・ハーゲンダッツジャパン㈱『会社案内』2002年

2章　和魂洋才（木村屋總本店）

「和魂洋才」とは

　老舗の特徴のひとつは、古いものと新しいものの絶妙なバランスにある。和菓子を中心とした多くの老舗食品企業が創業したのは、江戸末期から明治初期であるが、従来の「和魂漢才（わこんかんさい）」（中国の学問を学んで、それを日本固有の精神に即して消化すること）から「和魂洋才（わこんようさい）」へと人々の意識が移りはじめた時期でもあった。

　我が国の近代化は西欧の資本主義文明を摂取することからはじまるが、その方式は「和魂洋才」に求められた。和魂洋才とは、日本古来からの精神世界を大切にしつつ欧米の進歩的な技術を受け入れ、両者を調和させ発展させていくという意味の言葉である。「和魂」は日本文化の真髄であり、「洋才」とは、日本以外の文化の見習うべきいろいろな良い点ということになる。これは、主体性の保持を重視した概念である。福沢諭吉は、「和魂洋才」の4文字で日本のあるべき姿を表現した。日本の心は残しつつも、明治維新後の西洋へのあこがれと、科学、技術、文化を大きく吸収しようとする姿勢である。福沢諭吉こそ当時の日本人の価値観を「和魂洋才」に変えるリーダー的役割を果たした一人といってもよいだろう。

「和魂洋才」の歴史

　明治における「和魂洋才」のリーダー的存在としては、福沢以外にも文学者では夏目漱石（1867年～1912年）、森鴎外（1862年～1922年）、科学者では野口英世（1876年～1928年）など多士済々であった。和魂洋才こそ、近代日本の知識人の精神の源泉であったと、元立教大学名誉教授で筆者も学生時代に講義を受けた神島二郎先生は、授業の中でも、また著書『近代日本の精神構造』（岩波書店、1961年）で述べていたことを思い出す。神島先生によれば、「和魂洋才」は、明治に入ってしばらく経って「採長補短」となり、西欧への憧れが少し冷めて取捨選択するように変化したという。

食品の分野では、日本の伝統的な和食・和菓子の素材と繊細さを西洋の高い製造技術と上手に融合した製品は、現代社会では周りを見ただけでも多数思い当たる。あんぱん、たらこスパゲティ、大根おろしハンバーグ、抹茶アイスクリーム、照り焼きステーキなど、枚挙にいとまがない。老舗というと古めかしいイメージばかりが先行してしまうが、実は老舗食品企業の多くが、この２つの要素を統合することにかけて実に長けており、先駆者でもある。

　たとえば、もみじ饅頭の「にしき堂」は、中身があんこのみならず、カスタードクリーム、チョコレート、チーズなどのもみじ饅頭をすでに定番化している。木村屋總本店ほか日本の製パン業界では今では当たり前になったが、あんぱんのみならず、クリームパン、ジャムパン、チョコレートパン、メロンパン、さらにお好み焼きパン、焼きそばパンなどの総菜パンも製造・販売している。

　日本の伝統的な食べ物といっても、日本の文化は、太古の昔から中国や朝鮮の文化を積極的に取り入れてきた。さらに室町時代の後期からは南蛮のポルトガルやスペインなどから多くのものを取り入れ、日本的なアレンジを加えながら長い時間をかけて根付かせてきた歴史がある。

　２章では、和魂洋才の代表的な老舗で、あんぱんで有名な木村屋總本店を見てみよう。

「和魂洋才」の草分け
〔木村屋總本店〕

■ 木村屋總本店の概要

　株式会社木村屋總本店は、創業140年を超える「あんぱん」の老舗である。お台場海浜公園の近くにある同社本社・東京工場の社屋に入ったとたん、あんぱんに使用する酒種の匂いがする。同社のシンボルともいえる銀座4丁目の銀座木村屋の店舗は、休日はもちろん、平日であってもいつも賑わっており、銀座の名所のひとつにもなっている。

　木村屋のあんぱんは、西洋のパンと日本の和菓子の代表的素材である餡を合体させた「和洋折衷」の草分け的商品であり、日本でパン文化を根付かせた"さきがけ製品"といえる。和洋折衷の食品は、現在、抹茶アイスクリーム、明太子スパゲティ、和風ハンバーグなど、ファミリーレストランのメニューやコンビニ商品の定番であり、枚挙にいとまがないが、明治初期としてはかなり斬新で、その後の我が国の和菓子、洋菓子の発展にも大いに繋がる革命的な新商品であったと考えられる。和の持つ繊細な精神を変えずに西欧の進んだ技術を取り入れた「和魂洋才」の事例として同社を紹介したい。

●首都圏に限定される販路

　パンは日販品であり、消費期限が数日以内の製品である。消費者も消費期限はもちろん、できるだけ製造日が新しいものを選んで購入する傾向が強い。したがって、同社の販路は、キャンペーン期間などを除けば、首都圏に限定される。東京都江東区の有明に東京工場、埼玉

2章 和魂洋才（木村屋總本店）

県入間郡に三芳工場、千葉県柏市に柏工場の3つの製造工場がある。東京工場は直営店（主に百貨店内店舗）で販売する同社の看板商品である酒種あんぱんをはじめとした各種パンを製造している。三芳工場は、木村屋總本店の工場の中で一番規模の大きな工場であり、東京都西部、埼玉県、栃木県、群馬県、新潟県の一部地域のスーパーマーケット、コンビニエンスストア、一般小売店向けのパンを製造。また柏工場は、千葉県全域および東京都北部、埼玉県、栃木県、茨城県、福島県の一部地域のスーパーマーケット、コンビニエンスストア、一般小売店向けのパンを製造している。

東京・銀座4丁目にある店舗

● 木村屋の憲法「五つの幸福」と「四大目標」

　木村屋の「憲法」というべきものが、本社、工場、店舗に額に入って掲げられている。木村屋5代目、木村栄一社長が繰り返し口に出していた言葉である。これは木村屋總本店の根幹を成す「五つの幸福(しあわせ)」と「四大目標」である。五つの幸福とは、「お客様の幸福」「パートナーの幸福」「従業員の幸福」「会社の幸福」「自分自身の幸福」である。

四大目標は、「最高製品」「最高サービス」「最高能率」「最高賃金」である。これからの激動の時代を生き抜くための経営指針として、これまで同様、言葉の中身を大切にし、「木村屋の宝」として力を発揮し続けることであろう。

●従業員、地域住民を大切にする企業文化

　木村屋の企業文化としては、従業員、地域住民を大切にすることがあげられる。同社の離職率は低く、食品業界の平均値を大きく下回っている。同社は社員用の保養所として、温泉民宿 ニュー望月（弓ヶ浜温泉）と契約している。一方、前述の三芳工場は1965年10月9日より生産を開始しているが、地域住民にもっと"キムラヤのパン"を味わってもらうために、2008年10月1日、従業員による売店「さくらBakery」を誕生させた。生産工場ならではの生産過剰品、規格外品をメインに工場オリジナル製品としてお手頃価格で入手できる。生産工場ならではの揚げたてのカレーパン（インドカレー辛口）がAM11:00前後（日により若干異なる）数量限定で買うこともできる。また一部製品に添付されている"さくらシール"を集めると枚数に応じてプレゼントがある。毎月9日は"工場の日"と銘打って楽しくお得な企画が催され、地域住民との交流に努めている。

　また、柏工場でも、「パンの駅かしわの葉」という直売店をオープンした。この場所に来ればおいしいパンが食べられる、そんな思いで命名された。この直売店は、従業員で企画を出し合い、工場で生産している製品余剰品などを、できるだけ多くのお客様に提供できる場所にしようとスタートした。さらに同社は社会貢献活動の一貫として、毎年夏に宮城大学食産業学部フードビジネス学科の大学生をインターンとして数名受け入れ、実務体験の機会を提供してくれている。

2章　和魂洋才（木村屋總本店）

●首都圏を中心に定価販売でブランド価値を高めるマーケティング

　では次に、木村屋のマーケティングについて見てみよう。特徴としていえることは、「安売りをしないこと」である。製パン業界は近年の節約志向の高まりを受け、小売業からは低価格製品やPB製品を求められているが、同社の主力製品である「桜あんぱん」は一袋に5個入っていて750円（税別）である。製パン業界最大手の山崎製パンが販売している薄皮つぶあんぱんは一袋5個入りが126円であることと比較すると、かなり高い。それだけ自社製品に対する自信の表れとともに手間がかかっていると考えられる。またマーケティング的には、他社と同様に安売りをしてしまうことは、かえってブランドの価値を下げてしまうことになりかねない。老舗の戦略としては、定価販売が本筋であろう。

　販路についてはいたずらに広げようとせず、首都圏を中心に地道に販売している。木村屋のパンを扱っているのは、主に首都圏の有名デパートである。パンなら何でも良いという顧客ではなく、多少高くても木村屋のパンが食べたいという優良顧客が集まる有名店へのみ出店している。なお筆者の住む仙台でも毎年8月には、東北では最大級の老舗の百貨店であり仙台市中心街の青葉区一番町にある藤崎百貨店本店（創業1819年）で、8月下旬にキャンペーンを実施している。

　木村屋總本店の年間売上高は約130億円で、売上ランキングでは製パン業界10位前後であり決して規模的には大企業ではない。業界最大手の山崎製パンの9,282億円（平成22年度）と比較すると、70分の1であり全く比較にならない。しかしその知名度は抜群で、老舗としての地位を堅固に守っている。業界の中でのポジショニングでは、山崎製パン、フジパン、敷島製パンの大手3社が大量生産低価格であるのに対して、同社は少量生産高価格である。特にこれといった派手なプロモーション活動はしていないが、テレビ番組や雑誌、落語のネタ（柳家小さんの「湯屋番」の後半に出てきたことを記憶している）

などでしばしば老舗の事例として取り上げられるので、それが会社のPRに一役買っている。

■□ 木村屋總本店の沿革

　1869年（明治2年）、芝・日陰町（現在の新橋駅の辺り）に「文英堂」というパン屋を日本人として初めて開いたのが木村屋の創業者、木村安兵衛である。安兵衛は、いまの茨城県牛久市の家を捨て東京に出てきた。パン屋を開業したのは、50歳のときであり大きな賭けであったが、実際にパン屋としての仕事を手がけたのは18歳の次男英三郎だった。英三郎は父の武士稼業を見ていて、自分の将来を文明開化の時代にふさわしいものにしようとしていた。新しいものを求めて、しばしば横浜の外人居留地にも出かけ、パンづくりのおおよそは知っていた。英三郎は母親・ぶんのとっておきの金を資本に、さっそく開業の段取りをつけた。店の場所は芝・日陰町、店の名は文明の文と母「ぶん」の名をかけ、英三郎の英をつなげ「文英堂」と名づけた。わずかな資金で店を持てたのは、江戸幕府崩壊の余波で、江戸の町々には空き家が多く、地代、家賃とも下がり切っていたからだった。
　1869年に発足したのは、木村屋（文英堂）だけだったが、翌年から、築地精養軒ホテルの製パン部をはじめ、多くのパン屋が続々と誕生している。しかし明治初期の乱戦期を切り抜け、経営基盤を確立したのは木村屋系列、精養軒などほんの一部であった。

●酒種あんぱんの誕生
　文英堂はその後店名を「木村屋」と改め、尾張町を経て、1874年（明治7年）に銀座の煉瓦街に店を移転させた。英三郎は新しい店で、かねてから研究していた米と麹で生地を醗酵させる「酒種あんぱん」を作成した。酒種パンの特長は、日本酒の香りがほのかにすること、冷

えてもパサパサにならず柔らかさを維持できること、発酵力があることなどである。西洋のパンと日本の餡が組み合わさった「あんぱん」は、すぐに東京中で話題となり、店も毎日大賑わいとなったのである。

● 明治天皇に献上され喜ばれた「あんぱん」

　1875年（明治8年）、明治天皇の侍従をしていた山岡鉄舟[1]が店を訪れる機会があった。鉄舟と安兵衛は明治維新前から、剣術を通しての知り合いである。「水戸の下屋敷のお花見で、陛下に『あんぱん』を召し上がっていただこう」という鉄舟の提案に木村親子はびっくり。安兵衛と息子の英三郎は腕によりをかけて「あんぱん」を作ることになった。「何か記念になるあんぱんを作って、それを召し上がっていただきたい」と安兵衛は言った。「パンは舶来物というイメージがあるから、何か日本らしいものにしたい」と英三郎も頭をひねっている。「桜の塩漬けを入れるというのはどうだろう。季節にふさわしいし」ということになり、酒種生地でこし餡を包んだ「あんぱん」に、奈良の吉野山から取り寄せた八重桜の塩漬けを真ん中に埋め込んでみた。桜の塩漬けと餡がぴったり合い、「桜あんぱん」が誕生したのである。

　この「あんぱん」は明治天皇もお気に召し、ことのほか皇后陛下「昭憲皇太后」のお口に合ったと大変喜ばれたという。そして「引き続き納めるように」とのお言葉をいただいたのである。喜びに包まれた銀座・煉瓦街の木村屋は遅くまで華やぎ、ガス灯の明かりが店の前を照らしていた。このときに生まれた「あんぱん」は、現在「桜あんぱん」という名で販売されており、同社の主力製品として今でも変わらぬ味を伝えている。

木村屋總本店の会社データ（2024年8月現在）

会社の称号	株式会社 木村屋總本店
創　業	1869年（明治2年）
代表取締役社長	木村光伯
資本金	4000万円
従業員数	850名
本社所在地	東京都江東区有明1丁目6番18号
電　話	03-5500-1600（代表）
事業内容	各種パン、和菓子、洋菓子の製造および販売、レストラン経営
売上高	100億円
直営店	池袋東武、銀座三越、日本橋三越、銀座松屋、上野松坂屋、池袋西武、新宿伊勢丹、浦和伊勢丹、日本橋高島屋、玉川高島屋、横浜高島屋、横浜そごう、新宿小田急、町田小田急、新宿京王、東京大丸、アトレ吉祥寺、上大岡京急、エキュート上野、羽田空港、羽田第2ターミナル、エキュート大宮、巣鴨駅、エキュート日暮里
販売店	首都圏7500店

（同社HPより引用）

山岡鉄舟が揮毫した木村屋の看板

2章 和魂洋才（木村屋總本店）

木村屋總本店の年表

1869年（明治 2年）	木村安兵衛が東京芝日陰町に「文英堂」を開業
1870年（明治 3年）	京橋区尾張町（現在の銀座付近）に移り、屋号を「木村屋」と改称
1874年（明治 7年）	銀座4丁目に店舗完成 木村安兵衛が酒種あんぱんを考案、発売する
1875年（明治 8年）	明治天皇の水戸家への行幸の折、侍従山岡鉄舟より酒種あんぱんが献上され、ご試食の栄を賜る。天皇もお気に召し、皇后は特に愛され、引続き上納の栄を賜る（宮中御用商に加わる）。山岡鉄舟が「木村家」屋号の大看板を揮毫
1882年（明治15年）	木村屋のあんぱん、銀座名物となる。あんぱん1個1銭
1900年（明治33年）	木村屋3代目儀四郎、ジャムパンを新発売。人評判となる
1923年（大正12年）	関東大震災、銀座4丁目の店舗焼失
1927年（昭和 2年）	現在地に木村屋總本店落成。木挽町に工場新設
1930年（昭和 5年）	株式会社に改組（株式会社 木村屋總本店）
1941年（昭和16年）～ 1947年（昭和22年）	第2次大戦中から戦後、小麦粉やパンの統制下にパンの製造配給の指定工場となる
1950年（昭和25年）	東京都新宿区百人町（現在の西新宿7丁目）に新宿工場を新設。新宿工場の一部において、アメリカ商社United Bakeryとの契約により、駐留米国人向けの特製パンやケーキの委託加工製造を行う。米軍G.H.Qより朝鮮戦争戦地向けビスケット受注開始
1965年（昭和40年）	埼玉県入間郡三芳町竹間沢工業団地に三芳工場を新設
1969年（昭和44年）	創業100年祭を実施
1970年（昭和45年）	千葉県柏市新十余二工業団地に柏工場を新設
1971年（昭和46年）	銀座4丁目の本店を鉄筋9階建てに改築
1986年（昭和61年）	江東区有明1丁目に本社工場を新設
2001年（平成13年）	本社工場に代わり江東区有明に東京工場を新設、稼働
2002年（平成14年）	本社を築地から西新宿へ移転
2008年（平成20年）	三芳工場に藤沢工場の業務を統合（藤沢工場閉工）
2010年（平成22年）	本社事務所を西新宿から東京工場内へ移動
2021年（令和 3年）	柏工場に三芳工場の業務を統合（三芳工場閉工）

（同社HPより抜粋・引用）

《木村屋總本店》 木村光伯(きむら みつのり) 社長インタビュー

　木村光伯社長は、1978年生まれの33歳である。実父で6代目社長木村信義氏の健康面での不安から、その長男である光伯氏が7代目社長に就任したのが、弱冠28歳のときであった。マイクロソフト前会長のビル・ゲイツが、あるときジーパンとTシャツで出社していたらアルバイト学生と間違われたというエピソードを以前雑誌で読んだことはあるが、もし木村光伯社長のことを知らなければ、社員は普通の若手社員と見間違ってしまいそうだ。

　木村光伯氏は、学習院大学経済学部経済学科を卒業すると同時に木村屋總本店に入社し、約4年後の2005年に取締役、そして2006年に代表取締役社長に就任し現在に至っている。その間、都内にあるパン技術研究所や米国カンザス州マンハッタン市にあるAIB（American Institute of Baking）で、14週間の製パン技術を学ぶコースを修了している。カンザス州はグレートプレーンズ（大平原地帯）の真ん中に位置する牧畜と小麦の生産が盛んな土地であり、同州の俗称は「アメリカのパンかご」である。マンハッタン市（Manhattan）はカンザス州の中部の都市で人口は約4万人。その多くはこの町に本部を置くカンザス州立大学の生徒や教職員である。市の愛称は、ニューヨーク市マンハッタン地区の愛称であるビッグアップルに因んで「リトルアップル」。そのためAIBは、カンザス州立大学と小麦の生産技術について共同研究を行っており、米国、メキシコの製パン業者のみならず日本の大手パン各社も派遣しており、一クラス50名くらいで構成されている。このAIBが作成したパンの衛生管理上の基準がモデルとして多くの国で採用されている。

　　　　　　　＊　　　　＊　　　　＊

――若くして社長に就任したメリットとデメリットは何ですか。

　現場の従業員から直接意見を言ってもらいやすいこと、つまりコミュニケーションがとりやすいことですね。また年齢が若いことでかえって、業界関係者から親切に指導をしてもらえます。人的ネットワークの形成にはむしろプラスになっており、外部の方と話をできることが、自分を成長させる助けになっています。老舗である木村屋創業家を継いだことに関してプレッシャーはありますが、今ではそれを楽しみたいと考えています。

――先代から社長業を引き継ぐときの申し送り事項は何でしたか。

　「急激な規模の拡大よりも、品質をしっかり守れ」ということです。まず「現場をしっかり学ぶこと」と「足元を見る」ことを常に心がけています。

――座右の銘、あるいは参考にしている経営書はありますか。

　年齢に相応しくないかもしれませんが、最近は「論語」が好きです。座右の銘を挙げるなら「温故知新」ですね。先人たちが学んだことや昔の事柄をもう一度調べたり考えたりして、新たな道理や知識を見出し、自分のものとした上でさらに次の世代に引き継いでいく。それが自分に課せられた役割と思っています。

――貴社の社風はどのようなものでしょうか。

　職人気質と年功序列が守られている日本の伝統的企業です。成果主義なども一部取り入れてはいますが、日本の組織の良さは守っていきたいと思います。当社には、「五つの幸福」という経営理念があります。「お客様の幸福」「パートナーの幸福」「従業員の幸福」「会社の幸福」「自分自身の幸福」の5つですが、滅私奉公的なものではなく、会社も自分もまたそれを取り巻く関係者も皆で幸せになるWIN-WINの関

係を目指すというものです。実は昭和30年代頃までは、3つの幸せで、その後、「パートナーの幸福」と「自分自身の幸福」が追加されました。したがって、その時代に合った新しい価値観も取り入れながら成長し、新しい幸福の在り方を追加できるような会社でありたいと考えています。

——貴社は顧客あるいは社会から、どのような会社であると思われたいですか。

　あんぱんの木村屋として認識されていると思いますが、それを今後も継続したいと思っています。数年前にブランドイメージ調査を実施したのですが、40代以上の方には9割以上、「あんぱんの木村屋」として認識されている一方、30代以下は3割程度の認知度です。

——貴社のモノづくりについての基本的な考え方をお聞かせください。

　木村屋の主力製品はあんぱん以外に蒸しケーキがあります。原型は中国のマーラカオですが、日本で販売する場合は、原材料は同じでも、気候や風土が異なる日本で同じ配合でよいかは考えなければなりません。あくまでも外国の技術を学びながらも、日本らしさを大切にしながら丁寧な仕事をしていく。言わば「和魂洋才」が、当社のモノづくりの基本です。

——貴社の価格戦略についてお聞かせください。

　銀座4丁目の店舗や首都圏の主要デパートにある直営店で販売している桜あんぱんをはじめとした主力商品は、東京工場で生産されており、値引きは原則していません。製パン業界ではデフレの影響で、安売り、特に食パンの安売り競争が盛んですが、当社はそれに入ることはありません。一方、スーパーマーケット、コンビニエンスストアで販売している菓子パンなどホールセール商品は、埼玉県の三芳工場と

千葉県の柏工場で生産されていますが、流通段階で値引きの対象になることがあります。売上高では前者が25％、後者が75％くらいの割合です。

——貴社の販売促進、流通戦略についての考え方をお聞かせください。

当社の製品は、ほとんどが首都圏で販売されており、幸い知名度があるので、メディアを使ったプロモーションは特に実施しておりません。店頭でのプロモーションや試食を行う程度です。

——貴社は自社製品のブランドをどのように考えておられますか。

銀座生まれのパン屋であることが原点です。銀座は、近年外資系企業が多く店舗を構えてはいますが、その中でも日本らしさ、銀座らしさを損なわないようにしたいと思います。

——貴社にとっての競合他社とは、どの会社を意味するのでしょうか。

製パン業界でいえば、大手3社はもちろん、アンデルセン、神戸屋、ドンクすべてが競合ですし、老舗という意味では、文明堂、虎屋もそうでしょう。しかし全く同じような製品ライン、経営理念で存在する会社はないので、競合といえば競合ですが、そうでないともいえます。

——貴社の過去数年間における財務状況について概要をご説明ください。

製パン業界全体が、120万トンから横ばいかやや縮小しています。背景には、人口減少もあるでしょうが、その中でも近年、大手製パン各社である山崎製パン、フジパン、敷島製パンの寡占化が進んでおり、当社のホールセール部門は売上が落ちています。一方、直営店の売上は伸びており、減収増益の状況がここ数年続いています。当社としては、独自性をより発揮していく必要があります。

――従業員を採用する基準で最も重視していることは何ですか。

採用する我々の側に欲しい人材像について情報発信をする必要がありますが、具体的には木村屋の理念や製品に共感してくれる人材を採用したいと思っています。なぜ木村屋なのか。日本の食文化を掘り下げることに関心と意欲のある人に来てもらいたいです。

――従業員教育において重視していることは何ですか。

製造部門ではパンの原料の勉強を常にしています。当社のパンはイースト菌ではなく酒種から発酵させるので、日本酒の作り方にある意味では似ているのです。したがって、酒造メーカーの方を講師に勉強会を開催しています。社内には酒種の専門家がいて、絶えず研究をしているので、この部分が製造業としての心臓部にあたります。当社の「酒種室」には他のイースト菌が入らないように培養しており、イースト菌でふくらました他社製品にはない独特の風味、味を醸し出しています。

――老舗企業の経営者に求められる資質・能力・適性とはどのようなものですか。

先人の考えや企業文化をまずは理解し、その上で、自分らしさを加えた上で、次世代にバトンを渡すことであると思います。木村屋は長い伝統を持っていますが、その時々に「新しい知恵」を働かせて、時代を乗り切ってきました。その積み重ねが伝統となっています。

――現状および将来の課題、目標、夢は何ですか。

明治7年に初めてあんぱんを世に送り出して以来、今年で141年目に当たりますが、100年を超えるお付き合いをしている取引先もあります。創業150年に向けて原点回帰として、明治7年のときのあんぱんを再現したいと思っています。当時と同じ酒種、小麦、砂糖を使用

してみたいです。小麦は当時、メリケン粉を分けてもらっていたと思われます。たとえば、現在のあんぱんには、十勝産の小豆を使用していますが、明治の初期は、十勝はまだ未開拓の地でした。十勝で小豆が生産されるようになったのは20世紀に入ってからです。当社は日本の食文化を追究する企業であり続けたいと思っています。

★取材を終えて

　木村屋は、父方の祖父が創業家の遠縁にあたるという話を幼い頃から聞かされていたので、筆者にとってはずっと親近感のある会社である。だが、子供の頃は、あんぱんよりもクリームパンやジャムパンが好きだったし、あんこはあまり好きではなく、どら焼きなどがあっても外側のカステラだけを食べていた。しかし小学5年生くらいのある日、親戚の家で木村屋のあんぱんを食べた。木村屋のあんぱんは他社のものと異なり、パンのサイズは小ぶりであるにもかかわらず、菓子パンによくありがちな中の空洞がなく、餡が詰まっていて風味があり、これが大人の食べ物なのか、と思ったことを記憶している。

　筆者の所属する大学を昨年卒業した女子学生が現在1名同社でお世話になっているが、東日本大震災直後の対応が感動的であったらしい。安否確認はもちろん、引っ越しの荷物までも研修先までトラックで運んでくれたというから、ずいぶん面倒見のよい会社である。彼女は入社1年目にもかかわらず、商品開発の仕事に携わっている。社内の雰囲気は、所属している開発部はとても和やかで、仕事を通して人と話す機会が多いという。食品原料メーカー、食品卸の方や、他のパン業界の方など、たくさんの人とかかわるところがやりがいのある職場と語っている。彼女のいる開発部には、職人的な方がたくさんいてとても勉強になるそうで、そのことが自慢らしい。

〔脚注〕
1 　山岡鉄舟は（天保 7 年〜明治 21 年：1836 年〜 1888 年）江戸に生まれる。武芸を重んじる家だったため、幼少から武術に才能を示す。維新後、一刀正伝無刀流（無刀流）の開祖となる。幕臣として、江戸無血開城を決定した勝海舟と西郷隆盛の会談に先立ち、官軍の駐留する駿府（現在の静岡市）に辿り着き、単身で西郷と面会する。明治維新後は、静岡藩権大参事、茨城県参事、伊万里県権令、侍従、宮内大丞、宮内少輔を歴任した。勝海舟、高橋泥舟とともに「幕末の三舟」と称される。

〔引用・参考資料〕
・木村屋總本店ホームページ　https://www.kimuraya-sohonten.co.jp/
・木村屋總本店百二十年史
・『銀座木村屋あんパン物語』大山真人著（平凡社）2001 年

3章　地域密着型マーケティング（白謙蒲鉾店）

その地でしか購入できない地域密着型マーケティング

　老舗の食品企業のほとんどが、ローカル（地元）で圧倒的なシェアを持つナンバーワン企業であり、地域密着型のマーケティングを展開している。出張や旅行があれば買って帰りたくなるし、家族や職場の同僚からも要望されることもあるだろう。札幌の「白い恋人」（石屋製菓）、仙台の「萩の月」（菓匠三全）、伊勢の「赤福餅」（赤福）などはその例だ。老舗企業の多くが、通信販売や期間限定の全国キャンペーンを除けば、その地元でしか購入できない製品を販売しており、商圏を無理に広げることはしていない。老舗は、全国ではなくエリアナンバーワンになるという明確な経営意思を持っているように思われる。全国に販売店を点（スポット）として増やすよりも、ある特定エリアを面（エリア）として確保するほうが、マーケティングコストもはるかに安く効率がよい。

　たとえば、福島県郡山に本店のある薄皮饅頭で有名な柏屋（創業嘉永5年：1852年）は、福島県、宮城県、栃木県、東京都と、それを結ぶ東北道、常磐道、磐越道にドミナント出店している。また薄皮饅頭は、東北新幹線の車内のお土産としても販売されている。筆者は毎週のように仙台と新宿の間を高速バスで往復しているが、バスの休憩で停車する福島県の安達太良サービスエリア、安積サービスエリア、栃木県の佐野サービスエリアには、必ず同社の薄皮饅頭が置かれている。仙台銘菓の「萩の月」を販売する菓匠三全の店舗も、そのほとんどが仙台市内を中心とする宮城県内である。このように地域に根差したマーケティングを展開していることが老舗企業の特徴といえよう。

3章　地域密着型マーケティング（白謙蒲鉾店）

海の活をそのままに
〔白謙蒲鉾店〕

■□　白謙蒲鉾店の概要

　株式会社白謙蒲鉾店は、石巻に本社を置くかまぼこ製造業である。創業は1912年（大正元年）なので、ちょうど創業100周年にあたる。会社名は創業者白出謙助の姓と名から一字ずつとった。

　同社の社是は「満足」である。高度な技術を習得した社員たちが、衛生管理の行き届いた工場で、新鮮な材料を使って整然と製造している。宮城大学食産業学部フードビジネス学科の学生はインターンシップで同社のお世話になっているが、その徹底した衛生管理システムには感動するようだ。

　石巻は、豊かな山林から滋養たっぷりな水が流れ、世界三大漁場のひとつ金華山沖（暖流と寒流がぶつかる海域）がすぐ近くにあり、暖かい海の魚、冷たい海の魚の両方が石巻漁港に集まる。サンマ、イワシ、マグロ、カツオ、ヒラメ、カレイ、キチジ、アイナメ、ギンザケなど広い魚市場に大量の魚が並び、毎朝すごい活気である。巨大マンボウも網にかかるので、解体されて売られている。ここから東京や大阪など全国へ向けて、海の幸が運ばれていく。石巻市は東北地方の最大都市・仙台市からはJR仙石線で1時間程度、車でも約1時間と近い。

　宮城県には仙台、石巻を中心に多くの笹かまぼこ製造業者が存在している。大手として知られる阿部蒲鉾店（創業1935年）や鐘崎（1947年）は、いずれも昭和以降に設立された会社である。仙台駅ビルのエスパル地下1階の仙台みやげ館では、様々な製造業者の笹かまぼこを試食

することができる。どこの笹かまぼこも年々、味に磨きがかかり美味しくなっており、互いに切磋琢磨する良好なライバル関係を築いているといえよう。その中でも白謙の人気は近年特に高まっている。仙台の老舗百貨店である藤崎（創業文政2年：1819年）の食料品売り場でも、白謙蒲鉾に関する注文や問い合わせが多いという。

● 世界的レベルの衛生・安全施設と徹底した品質・衛生管理

　世界的レベルの衛生・安全施設も備えた白謙蒲鉾店では、徹底した品質・衛生管理をはじめ、日々あらゆる面での改良を続けている。同社製品の大半を製造する石巻市にある門脇工場では、1時間に96回も新鮮な空気を取り入れる換気設備を備えている。一般的に、他の食品工場では、殺菌剤で菌を殺して密閉するが、門脇工場内の空気は常にクリーンで殺菌剤は全く使用する必要がない。菌は水分がないと増殖しないが、工場内を極力乾燥させることにより、活動できないようにしている。魚肉を扱うため、すり身をつくる機械・機器類は、おのずと菌の数は増えるが、洗浄・消毒し乾燥を徹底することでそれを防いでいるのだ。

　また、温度によって菌の繁殖率が違うため、20度以下になるよう温度管理を徹底している。独自の厳しい基準をもとに工場では毎日製品検査が行われ、菌の個数もチェックしている。そして同社は、品質保証・品質管理マネジメントに関する国際規格「ISO9001」[1]も取得している。工場の機械化が進んだ現在でも伝統の職人技は肝心で、包丁一本で魚をおろし、かまぼこに造り上げることのできる若い技能士の育成にも注力している。

● 立地を生かした「極上笹」の原料「キチジ」の水揚げ

　昔から宮城県の人たちは、よくかまぼこを食べる。宮城県は「かまぼこ生産量日本一」「かまぼこ消費量日本一」の県であり、石巻の人々

3章　地域密着型マーケティング（白謙蒲鉾店）

徹底した品質・衛生管理の門脇工場

は、笹かまぼこはもちろん揚げかまぼこも、生で（加熱をせず）醤油も何もつけずに食べることが多い。そのままでも美味しいので、お菓子代わりに、お茶受けやおやつとしてよく食べられる身近な食べ物である。もちろん日本酒やビールにも合い、おかずにもなる。人の集まるところにはおいしいかまぼこがあり、特別においしい店の笹かまぼこは、お歳暮やお中元として親しい方に贈る。

　太平洋を臨む石巻には、笹かまぼこの原料になる高級魚キチジ（吉次）が水揚げされている。近海物のキチジを入れた白謙の「極上笹」は、ふっくらしていて実に食感がよい。キチジは、真っ赤な体色と大きな目玉が特徴的な白身の魚で、キンキやキンキンとも呼ばれ、近海物は特に高値で取引される高級魚である。脂がのっているので、煮魚にしても、開き干しにしても美味しい。焼き魚を食した後、香ばしく焼き直した頭や中骨に熱湯をかけ、スープとして飲むと、これまた絶品である（筆者はとりわけ、仙台国分町にある「炭火焼山塞料理地雷也」で食べたキンキの炭火焼が、今まで食べた焼き魚の中で一番印象に残っており絶品であった）。

　白謙では「極上笹かまぼこ」で使った近海キチジの骨から美味しい

"だし"をとり、「近海吉次だし」として販売している。石巻に水揚げされるキチジは最高級だが、白謙では石巻という最高の立地を生かして、石巻の新鮮なキチジを使った「極上笹かまぼこ」を作っている。

　笹かまの発祥は宮城だが、その中でいち早く近代化をはかったのが石巻だ。伊達藩時代、魚が大漁で取れ過ぎてしまい、魚を市場まで運びきることができなかった。そこで浜の漁師がヒラメの肉をすり潰して串に刺し、平たく形づくって焼いて食べたところ大変うまかった。以来、生の魚よりも保存がきき、おいしいということで、食べられるようになった。

　また、形が手のひらに似ているので「手のひらかまぼこ」、舌のようだということで「べろかまぼこ」など、いろいろな名前で呼ばれていた。現在「笹かまぼこ」で統一されているが、これは笹の葉の形に似ていることと伊達家の家紋"竹に雀"にちなんだ名前である。

●風味を引き立てながらつくりあげるかまぼこ

　味付けだけでなく、かまぼこの弾力に富んだ食感を造るために欠かせないのが食塩で、白謙では、ミネラル豊富な天日塩を使用している。「白謙オリジナル」のかまぼこである「チーズ板」「ミニ笹かまぼこ〈チーズ入り〉」は、小さなダイス状のチーズを混ぜ込んだ、白謙の人気のかまぼこだ。非常にまろやかなクセのないチーズで、大手乳製品メーカーとともに研究を重ね、チーズが嫌いな人でも食べられるように造った。蒸して油を出し、またさらに焼いて風味を出している。かまぼこの風味を引き立てながらも、チーズとしてのコク・味わいも十分な最高のチーズである。

　「白謙揚げ（やさい）」にたっぷり入っている野菜はすべて国産で、新鮮な野菜を厳選して使用している。白謙の揚げかまぼこは、加熱せずそのままでさっぱりと食べられるさつま揚げである。その秘密は揚げ油。酸化しにくいキャノーラ油を使用し、揚げた後は余計な油を丁

寧に除いている。キャノーラ油には血行を良くするビタミンEが豊富に含まれ、また、体内のコレステロールを少なくする働きもあり、味の良さだけではなく、健康にも良い油だ。何もつけずに食べるという人がほとんどだが、ワサビ醤油や生姜醤油で食べるのがおすすめである。またマヨネーズに醤油をちょっとたらしたものもよく合う。

具材の入っていないシンプルな笹かまぼこは、真ん中を切って、きゅうりや人参、シソの葉をはさんで食べたり、チーズやかつお風味の練り梅をはさんだりして、オードブル風に盛り付けて食べるのもおしゃれである。

白謙蒲鉾店・本店

白謙蒲鉾店の会社データ (2024年8月現在)

会社の称号	株式会社 白謙蒲鉾店
創 業	大正元年（1912年）
代 表	取締役会長 白出征三　取締役社長 白出哲弥
資本金	3億円
従業員数	197名（2022年4月現在）
本社所在地	〒986-0824 宮城県石巻市立町2-4-29

電　話	0225-22-1842
事業内容	魚肉練製品　製造販売業
製造拠点	本店工場、門脇工場
出店先	宮城県内を中心とする百貨店、スーパーマーケットなど

(同社HPより引用)

白謙蒲鉾店の年表

1912年(大正元年)	宮城県石巻市新田町に白出謙助が白出家（白出工務店）より分家し鮮魚店創業
1935年(昭和10年)	宮城県石巻市富貴町に移り二代目白出甲治、蒲鉾製造・惣菜販売
1942年(昭和17年)	宮城県石巻市立町2丁目4番29号に移店
1967年(昭和42年)	株式会社白謙蒲鉾店、資本金300万円にて会社設立、代表取締役社長に白出甲治就任
1969年(昭和44年)	代表取締役社長に白出よしこ就任、専務取締役に白出征三就任（蒲鉾製造販売に専業化）
1976年(昭和51年)	宮城県石巻市魚町に魚町工場竣工
1982年(昭和57年)	株式会社イトーヨーカ堂石巻中里店に出店
1983年(昭和58年)	代表取締役社長に白出征三就任
1986年(昭和61年)	株式会社三越仙台店に出店
1994年(平成 6年)	魚町工場隣接地に工場増設、宮城県石巻市立町2丁目に立町工場竣工
1995年(平成 7年)	研究開発室新設、宮城県石巻門脇字明神に門脇工場着工、門脇工場完成稼動
1999年(平成11年)	株式会社藤崎に出店、門脇工場第2工場稼動
2004年(平成16年)	ISO9001：2000認証登録（登録番号：JQ2173A）
2005年(平成17年)	株式会社さくら野百貨店仙台店に出店
2006年(平成18年)	仙台ターミナルビル株式会社エスパル仙台店出店、門脇工場第3工場稼動
2014年(平成26年)	ISO22301：2012認証登録（登録番号：BCMS 608891）、代表取締役会長に白出征三就任、代表取締役社長に白出哲弥就任

3章　地域密着型マーケティング（白謙蒲鉾店）

2015年(平成27年)	弊社会長第32回優秀経営者顕彰震災復興支援賞受賞、第48回グッドカンパニー大賞・特別賞受賞、日本政策投資銀行BCM格付東北地域初のAランク取得、事業継続推進機構、主催BCAOアワード2014優秀実践賞受賞、天皇皇后両陛下弊社門脇工場へ行幸啓賜る
2016年(平成28年)	ISO9001：2015認証登録（登録番号：FM 624006）、国土強靭化貢献団体認証（レジリエンス認証）（認証・登録番号：E0000007）、日本政策投資銀行BCM格付2年連続Aランク取得
2018年(平成30年)	第58回全国推奨観光お土産品・観光庁長官賞受賞、平成30年度「宮城の名工」に製造本部部長が練り製品製造で初表彰賜る
2020年(令和 2年)	経済産業省事業継続力強化計画認定、経済産業省「地域未来牽引企業」選定、みやぎ食品衛生自主管理認証制度（みやぎHACCP）
2021年(令和 3年)	日本政策投資銀行健康経営格付Bランク取得、岸田文雄第100代内閣総理大臣弊社門脇工場へご視察
2022年(令和 4年)	ＩＳＯ２２３０１：２０１９認証登録（登録番号：ＢＣＭＳ 608891）
2023年(令和 5年)	日本政策投資銀行BCM格付Aランク取得、中小規模法人部門（ブライト500）認定、健康経営優良法人2024

（同社HPより抜粋・引用）

《白謙蒲鉾店》 白出征三(しらでしょうぞう) 社長インタビュー

　白出征三社長は、創業から3代目になるが、1983年に社長に就任して以来、約30年になる。先代（2代目社長）の急死に伴い、婿入りして10ヵ月で26歳だったときから実質的な経営責任を負う立場になり、最初の10年は何をしていたのか記憶にないほど必死に働いたという。地元の名門、宮城県立石巻高校を卒業した後、東北学院大学経済学部に入学。他社で数年、実務経験をしたあと同社に入社した。かまぼこ業界全体が伸び悩みを見せている中、過去20年以上毎年増収を続けており、石巻の小さなかまぼこ店から、宮城県内ではもちろん国内でも有数のかまぼこ製造業として、現在の地位と経営基盤を築きあげた。

　　　　　　　　＊　　　＊　　　＊

——かまぼこ市場全体の現状と将来をどのように見られていますか。
　かまぼこは江戸時代から一般庶民に親しまれている食べ物です。日本の食文化のひとつであり、これからも廃れることはないでしょう。周りを海に囲まれている日本人にとっては、魚類は貴重なたんぱく源です。漁業資源も国際的な協定があり、なくなることはありませんが、外部環境的には国際基準に準拠していく適応力が今後より求められることになるでしょうね。

——過去10年の業績が絶好調のようですが、その成功要因は何でしょうか。
　単純に「白謙ファン」「白謙党」が増えたということだと思います。業績は、地道に品質にこだわり、良い仕事ができる人材が育ってきた結果にすぎません。どんな業態であっても、企業の土台となる製品の

品質と、それを支える人材なしに企業の成功は成り立ちません。石巻から始めて仙台に本格的に出て、まだ5年くらいです。

――売上構成はどのようになっているのでしょうか。

売上の9割がギフトです。仙台は首都圏などから帰省してくる人が多いので、お中元、お歳暮のみならず、ゴールデンウィーク、お盆休み、年末年始と、ギフト製品が売れる機会が多いので恵まれていますね。

――貴社は顧客あるいは社会からどのような会社であると思われたいですか。

世界最高品質のかまぼこ製造業であること。技術的にトップでありたいと思っています。いたずらに儲けようとすると、みな会社は駄目になるようです。スーパーマーケットにしても百貨店にしてもそうです。儲けようとする企業行動は、どことなく「厭らしさ」を感じさせるもの。良いものを造ったその結果として、利益は得られるものと考えるべきでしょう。

――貴社は経営理念を実現する上で、日頃どのような活動をしていますか。

日常的に経営理念の振り返りを行っています。具体的には、昼休みに各班で経営理念の音読をしています。自分たちが何のために働いているのか、どういう仕事をすべきなのかという原点を振り返ります。かまぼこは、食べ物の中でもっとも人間にとって消化のしやすい食べ物です。魚の繊維を切って提供しているので、実は魚を生で食べるよりもずっと吸収力があります。

――貴社のものづくりについての基本的な考え方をお聞かせください。

我々製造業は、絶えず研究と努力を重ねないと事業として継続できない宿命を持っています。同じかまぼこでも全く同じ原材料はなく、

その意味で100％同じ2つの製品は世の中に存在しません。レシピはすべて保管してありますが、10年前の製品といま販売しているものは同じではありません。たとえば、高級かまぼこの原料であるキチジは、6年前はほとんど獲れなくなりましたが、エルニーニョ現象のお蔭で、また漁場が6か所くらいになり、2、3年前からまた獲れるようになりました。

――貴社の価格戦略についてお聞かせください。

　安易な安売り合戦をするつもりはありませんが、かまぼことは本来、江戸時代以来からのインスタント食品であり、すぐに食べられる、安い、しかも健康に良いというのが、製品の基本的なコンセプトです。したがって、良いものをできるだけ安くというのが基本的な考え方です。原材料の関係で、どうしてもある程度、単価の高い製品はありますけれど……。

――貴社の製品戦略はどうでしょう？

　品質重視の一言につきます。毎日のように製造ラインごとに経営責任者が必ず試食するようにしていますが、実際やってみるとかなり大変な作業ですよ（笑）。味、食感、すべて厳しくチェックしています。かまぼこを食べる場面は人によって様々です。宮城県の子供は、オヤツに食べる。学校から帰ってきて夕食前にお腹が空いたら笹かまを食べる。チョコレートを食べるよりも健康に良いので、昔から子供にお菓子よりも笹かまを食べさせる家庭が多いのです。また、夕食前にお酒をたしなむ男性なら、チーズ笹かまを出せば、夕食ができるまでの20分は稼げます。

　1年に3回ほど新製品は発売しますが、10年続けても売れない製品については、それ以上販売しません。また、原則的にどの製品も季節に合わせて、年に4回は同じ製品でも味を変えています。温度、気候

によって、人間が美味しいと感じるものは違ってきます。異なる時期にそれぞれの気候に合った製品を出すため、きめ細かな技術と細部へのこだわりを大切にしています。

——貴社の販売促進、流通戦略についての考え方をお聞かせください。

　実質的に家庭で購入決定権を持つ女性と、女性に影響力を与えることができる子供に訴求するようにしています。男性は、家では出されているものを食べるだけです（笑）。顧客の声を直接、絶えず聞くことが大切ですね。毎日のようにお客様のコメントを見ています。よく大企業が実施している顧客満足度調査などを私はあまり信頼していません。通常、外部のリサーチ会社に調査を委託するので、都合のよいデータばかりを加工して見せる傾向にあります。電話アンケートなども、ほとんどあてにならないのではないでしょうか。小さな規模でも直接、顧客と触れる、顧客の声を直に掴むことがポイントであると思っています。当社は、宮城県内のデパートに入っている直営店で販売しています。また催事のときは、全国のデパートにも出していますよ。

——貴社は自社製品のブランドをどのように考えておられますか。

　有難いことに、「白謙のかまぼこでないと駄目」、あるいは自分で食べるものはともかく、「贈り物なら白謙」というお客様が増えています。ブランドといえるかどうかわかりませんが、「石巻らしさ」を大切にしています。石巻は日本有数の漁港であり、「海」と「波」を感じられるイメージと白謙の製品とがマッチしているかを常に考えています。

——貴社の過去数年間における財務状況について概要をご説明ください。

　白謙党が増えている結果にすぎませんが、おかげさまでずっと増収を続けています。

――貴社は、財務管理において特に何を重視されていますか。

　業績が良いときは悪くなったときに備えてできるだけ内部留保に努め、企業の根幹を太くする。反対に悪いときこそ、慌ててコストを削減すると事態はより悪化するので、平常を保てるようにすることが大切です。

――従業員を採用する基準で最も重視していることは何ですか。

　真面目であること、自分の仕事に対してごまかしをしない人間であることを重視します。地味な努力を根気強く継続できる人材が当社には必要です。技術へのこだわりは製造業の生命線であり、細かな努力の積み重ねが大切です。海の中を泳ぎ続けているマグロと同じように、我々製造業は品質追究を止めることができません。進歩なしに生存することは不可能なのです。原料に使用する魚は毎日違います。製造の現場で「大体良いです」「なんとか上手くいっています」などと応える社員は伸びません。どうしても品質に対して甘さが出てしまいます。どこが良くてどこが問題なのかを、きちんと把握していることが大切なのです。

――従業員教育において重視していることは何でしょうか。

　長期的な視点で教育・育成することを心がけています。したがって、入社してからの３年間は100％の評価をします。３年程度ではしっかりした教育はできないと考えているからです。評価によって差が出るのは入社してから５年目くらいからです。また成果主義というのもあまり私は賛成できません。成果主義を導入すると、どうも悪い人間が育つようです（笑）。評価項目の数字合わせばかりに気をとられ、チームワークなど数字には表れませんが、職場では絶対に欠かせないものが損なわれるような気がします。

——貴社は現在、グローバルな事業を展開していますか。また将来、展開される予定はありますか。

　ナノサイズの泡の技術は、特許を取得して研究しています。技術的な研究分野では、常に世界基準を意識していますが、製品販売に関しては今のところ考えていません。まだ仙台に出て間がないくらいですから。

——貴社が行っている社会貢献活動についてお聞かせください。

　本業から派生するものと、人との交流については大切なので行っています。それ以外は長続きしないので行っていません。

——老舗企業の経営者に求められる資質・能力・適性とはどのようなものですか。

　人間愛であると思います。顧客や従業員に対する愛情が基本です。生計が立たないような低い給与では落ち着いて良い仕事に取り組むことなどできるわけはありませんし、給与が下がると、家庭での父親、あるいは母親としての評価も低くなり、モチベーション低下、勤労意欲の減退の原因になります。ですので、安心して良い仕事に取り組むことができるように、できるだけ給与については、業界の中でもトップクラスの報酬を提供するよう心がけています。

■□ 東日本大震災後の状況と白出社長のインタビュー

　2011年3月11日に発生した東日本大震災では、千葉から北海道の広い地域で死者が出た。千葉県が20人、茨城県が24人、福島県が1,604人、宮城県が9,501人、岩手県が4,665人、青森県が3人、北海道が1人となっており、圧倒的に宮城県内の犠牲者が多いことがわかる。現在（2011年11月）のところ、総計15,836人に方々がこの大震災で

亡くなられている。石巻市を含む宮城県は行方不明者、怪我人を含めると 15,000 人以上となっており、今回の大震災の最大の被災地となっている。

　次に大震災による水産業の被害状況について説明しよう。まず、千葉から北海道に至る地域での漁船の被害状況だが、総計 25,088 隻の漁船が失われ、金額にして 1,684 億円の損失が発生している。また漁港の被害は、319 港にもおよび、被害総額は 8,230 億円と莫大な被害となっている。また水産加工施設の多くが当然ながら漁港の近傍にあるが、これらについても 823 の工場が全壊、または半壊し、一般の設備の損失と合わせて、1,228 億円もの被害が出た。

　以上をまとめると、東日本大震災による水産業の被害総額は 1 兆 2,454 億円という膨大な金額となっており、この金額からみると、水産業の復旧、復興は容易ではないことがわかる。中でも宮城県は 142 漁港すべてが被害を受け、水産業の基盤自体が壊滅状況であることがわかる。政府は補正予算を準備して、大震災後の復旧、復興への支援を表明してはいるが、補正予算の執行が遅いばかりか、第一次、第二次の補正予算は少なく、第三次補正予算でも十分ではないといわれている。

　宮城県の石巻エリアでは 1,000 人以上が死亡したと推定されている。ほとんどが津波による溺死である。家族や親戚を失い、自宅、職場の全壊、半壊は数知れない。石巻を本拠とする白謙蒲鉾店は、主力の門脇工場が津波により甚大な被害を受けたが、4 月には比較的被害の少なかった本社工場、7 月には門脇工場でも製造を再開した。震災から 4 ヵ月ぶりのことである。その後の売上数は、驚異的な回復を示し、年間売上高は昨年度を大きく上回るハイペースで推移しているという。

　この門脇工場周辺は震災当日、6 メートルの津波に襲われた。工場内は床を 2 メートル高くしていたが、工場の 1 階は完全に浸水したと

いう。水深は 180 センチくらいだった。津波が到来したとき、工場には 50 名近い従業員が残っており、工場の 2 階に避難し、2 日後、ボートで救助され出勤していた社員はパートを含め全員無事だった。工場内には缶詰など食べるものは豊富にあったことも幸いした。この地区には海との間に 2 つ大きな工場があり、堤防が決壊して津波が押し寄せたとき、防波堤の役割を果たしたことが水勢をある程度は抑えることになった。

＊　　＊　　＊

――東日本大震災では大きな被害を被られ、さぞ大変な思いをされたことでしょう。お見舞い申し上げます。さて、震災直後から工場再開までの状況をお聞かせください。

　ありがとうございます。震災の直後、3 日後から本社、門脇工場での泥かき作業でした。ヘドロが海底から来て、その後の微生物検査では 1,000 年くらい前から堆積してきたものであることがわかりました。倒壊した工場から流出した重油なども混じり異様な臭いでした。安全のため、工場の壁を入れ替えましたし、HEPA フィルターと活性炭で臭いと放射能を除く作業も行われました。一方、魚町にある冷蔵庫と工場は幸運にも大きな被害がなく、ほとんどの設備機能が大丈夫でした。汚水処理設備を修繕したくらいで比較的早く復旧しました。

――震災のとき社長はどちらにいらしたのですか。

　石巻の本社工場の 2 階、3 階が自宅になっていてそこにいました。浸水は 130 センチくらいだったので、門脇工場に比べれば被害は少なかったです。本社工場は 4 月 17 日から再開しましたが、再開準備が整ってからも細菌検査や放射能検査などの結果が出るまで 10 日以上経過してしまいました。

かまぼこの製造工程では、魚の頭を落とし、骨を抜き、水にさらすので、この工程の中でほとんどが除染されています。また原料となる魚は深海魚なので放射能の影響があるとはほとんど考えられません。また震災の後は黒潮の影響で福島の海流は南方へ流れました。笹かまの主原料となるスケトウダラやグチといった魚の冷凍すり身は、アラスカやタイなど海外産ですし、美味しさを出すために加えているキチジは、現在はアメリカからコンテナで運搬していますので、放射能汚染を心配する必要はありません。

――震災直後の石巻の被災状況から推測すると、白謙の再開には相当時間がかかるものと心配していましたが、意外と回復が早かったですね。

　製造業にとっては生産設備が命ですが、電気系統を制御する配電盤については、震災後の再開に向けて電気会社が全面的にサポートしてくれて、海水を被った製造設備もすべて入れ替えました。また「白謙会」といういわば白謙の取引業者の組織があって、震災直後から毎日100名くらいの方が来てくれて泥かきを手伝ってくれました。

　一方、放射線量の測定では、個人でも購入できるような簡単な機能の機械では絶対ダメです。素人が測定した数値に意味はありません。計るべき機械で測るべき場所で検査しなければだめなのです。やみくもに測定することはかえって危険性を煽っていることにもなりかねません。かまぼこに限らず、食品全般にいえることですが、放射能の測定方法については、業界でも意見が分かれています。

――工場再開後の状況を教えてください。

　4月の段階では、「極上笹」（笹かまぼこ）と「白謙揚げ」（揚げかまぼこ）の2アイテムのみで7月中旬まで営業を再開しました。7月の門脇工場再開後、現在は6アイテムを製造・販売しています。

　一方、野菜が含まれている製品はまだ製造再開の目処が立っていま

せん。ゴマはタイ、かまぼこの板はカナダ産で海外から取り寄せていますが、国内産の野菜はホットスポットの懸念があり100％大丈夫という自信が持てない限り再開しない予定です。工場再開後は、ノーミスで検品作業を行っています。主力製品の味については10年先まで見越して製造計画をしていたものを先出しで販売しています。一般のお客様には区別がつかない微妙なレベルではありますが、実は1年に4回味を変えています。自宅が本社工場なので味覚のチェックは日常的に行っています。

——再開後の業績は好調と伺いましたが、その要因はどのように考えられていますか。

　震災後のボランティア活動で来られた方たち、テレビをはじめとした報道関係者、芸能人、自衛隊員の方々など、はじめて石巻に来られた方たちが、当社のかまぼこをお土産として買っていただいたことで新しい顧客が生まれました。また宮城県内で震災直後に県外の親戚などから支援をしてもらった方たちがその返礼品として購入いただいているのが大きいと思います。

——本年度の採用予定者はどうなったのでしょうか。

　大卒2名、高卒5名を採用予定にしていましたが、震災直後は先の見通しがたたないため内定を取り消すことになりました。その後、主力の門脇工場が復活し、10名中途で採用しました。いったん取り消した7名の内定者にも改めて声をかけましたが、その中で入社したのは1名でした。お歳暮も好調で200名のアルバイトを年末にかけて採用します。仕事を教える側の従業員に対しては、被災して家族や自宅を失った人も多数いると思いますので、たとえアルバイトであっても親身になって丁寧に接するように指示しています。年末は24時間体制で工場を稼動させる予定です。今後、自分のため、家族のため、

石巻の復興のためというガッツと意欲のある若者をどんどん採用していきたいと思っています。

——震災から9ヵ月が経ちましたが、顧客の最近の反応は如何でしょうか。
　たしかに震災は物質的にも精神的にも多くの人々に大きな傷跡を残しました。火葬場の手配が追い付かず、9ヵ月経った今、土葬から火葬に移し葬儀をやっている方、行方不明の子供がいまだに見つからない方、仮設住宅で暮らしている方もいらっしゃいます。しかし生きていく以上、悲しみを乗り越えて出来る限り日常の生活のリズムを取り戻さなくてはいけません。

　最近はあまり震災の話は出なくなりました。震災直後は、当社の将来を心配してくださる意見が多数ありましたが、最近では、早く野菜入りのかまぼこを販売して欲しいとか、まだ販売を再開しないのか、というご希望が多いです。それだけ期待をされているということで有難いことです。

——社員の方々の就労意欲は震災前後では変化はありますか。
　安全に働ける、地盤沈下がなく安全に生活できることの有難さをつくづく感じたと思います。200名いる従業員のうち、被災したのは80名です。社員の給与は1割カット、賞与はなしで今期は我慢してもらわなくてはなりません。一方、パートさんの手当ては一切カットしません。経営者としては、生き残って良かった、働けてよかったと思ってもらえる職場にしなければいけませんね。補助金をすでにもらっている人もいるし、もらってない人もいる。年内くらいは義援金で生活できる人もいるかもしれません。また補助金を当てにしている人もいるかもしれませんが、全員平等ということはありえません。石巻の復興には、少なくとも5年〜10年はかかります。どんなに辛くても自分のことは自分でやるしかありません。

―― 震災後の原材料の調達については如何でしょうか？

　福島沖をはじめ、近海の魚はしばらく購入する気持ちにはなれません。瓦礫や工場から流出した重金属を食べ、魚の体内に残留している可能性があり、1～2年は自然界の浄化作用に委ねたいと思っています。インドネシアで起こった津波の後もスマトラ沖の魚は購入しませんでした。

―― 本年度の業績見込みは如何でしょうか。

　おそらく売上は過去最高で40億円を超えるでしょう。8月中旬で前年度同期比をクリアしています。一方、設備がかなりやられましたので、資本を増加しています。今度同じ規模の地震や津波が来ても大丈夫な備えをはじめています。

―― 新製品開発のアイデアなどはありますか。

　これからますます高齢化社会になりますので、高齢者でも食べやすい、体内に吸収しやすい機能性食品の開発を進めていきたいと思っています。またかまぼこの主原料のひとつであるキチジの頭を使ってスープにしています。抗癌物質がキチジの頭部の骨からとれるので、それをスープにしているのです。キチジは1トンの骨で10トンのスープが取れます。内臓は捨てて、骨は有効活用しています。

―― 最後に今後の抱負をお願いします。

　白謙は美味さを追究する会社であり、世界最高峰のかまぼこ製造業者を常に目指しています。中国にも魚のすり身はあり歴史は古いのですが、それらは揚げたもので、かまぼこは日本で生まれ育った食文化といえます。より良い製品を作るために、魚は海から揚って8時間以内に処理するようにしています。そうすることで、すりみから魚の甘味が生き返ります。砂糖を入れている訳ではないのですよ（笑）。

これはほんの一例ですが、製造業の仕事は決めたことをきちんとやる地道な作業の繰り返しです。ルールをみんなで守って仕事をして全体のレベルを上げることが大切なのです。今を大切にして手抜きをしないことです。目の前の業務に責任をもって各自が仕事をすることをより徹底したいと思っています。一流百貨店にある販売店であっても48時間を過ぎたら廃棄することにしており、販売したら取引をやめ

石巻「白謙」宮城・女川「高政」 笹かま店 再開次々

営業を再開した笹かまぼこ店に大勢の客が訪れた＝17日午前11時ごろ、石巻市立町2丁目の白謙蒲鉾店本店

　東日本大震災で被災した宮城県の三陸沿岸にある蒲鉾店が、営業再開へ動きだした。創業99年の老舗・白謙蒲鉾（かまぼこ）店（石巻市）は17日、JR石巻駅近くの本店をオープンし、創業74年になる「高政」（女川町）も18日に製造・販売を開始する予定。両社とも工場の復旧へ向け、地元以外からの原料調達にめどがついたためで、関係者は「水産のまち復活への一歩」と喜んでいる。

　上笹かまぼこ」約900枚と、「揚げかまぼこ」（1袋3〜5個）240袋の2種類に限定。価格は震災前と同じに据え置いた。店は午前11時開店。よう7月の操業再開に間に合う本店も復旧を急いでいる。門脇工場は中元需要に間に合うよう指し復旧を急いでいる。

　白謙は主力の門脇工場が津波で浸水し、1日最大10万枚を生産する製造ラインが損傷した。工場2階に避難した従業員43人は3日間孤立。非番だった1人が亡くなった。休業中、全国の顧客から「震災に負けないで」と応援の手紙が約1万通届いたという。

　同市蛇田の自営業斎藤浩喜さん（49）も「震災前と変わらない味。復興へ気力が湧いた」と喜んだ。

　白出高明常務（38）は「あまりに被害が大きく、のれんを下ろすことも考えた。首都圏などへ出て、石巻の復活をPRしたい」と意気込む。

　高政も女川町の工場が一時稼働不能となったが、18日に生産を再開、高政本店や女川町の店舗で販売を始める。

　番乗りした石巻市中里5丁目の松村髙子さん（62）は「被災見舞いのお返しに贈る」と笑顔。同市蛇田の自営業斎藤浩喜さん（49）も「震災前と変わらない味。復興へ気力が湧いた」と喜んだ。

「河北新聞」2011年4月18日付の記事

ることにしています。お客様の口に入るまで製造業者は品質に責任があります。販売会社には売れなかったら返品してよいといっているのですが、バイヤーが何とかさばこうとしてくれています。

★取材を終えて

　3月11日の震災時、筆者は仙台市内にある大学にいた。同僚の教員とゆったりとお茶を飲みながら談笑していたとき、今までに経験したことのない大きな揺れが数分続いた。研究室に戻ると室内の物は散乱し、ダクトが外れ天井からは水が漏れ、床に落ちた書籍の多くが水浸しになっていた。それから数日間は、電気、水道、ガスといったライフラインは止まり、公共の交通機関もストップした。

　4月に入ってから、白謙には震災後の状況を伺おうと数回電話とメールをしたが、連絡がとれない状態が続いた。一方、他の笹かまぼこ製造業大手である鐘崎や阿部蒲鉾店は比較的被害が少なく工場の再開も早かったが、白謙の状況は厳しいように思われた。仙台駅や藤崎、仙台三越のような百貨店でも石巻の白謙の販売コーナーだけが再開しない状態が続いており、本書で取り上げること自体難しいのではないかとも懸念された。

　しかしピンチの後にチャンスがあるというが、同社は創業以来の最大のピンチを最大のチャンスにして、震災で得られた新たな白謙ファンを獲得し顧客ベースを広げることに成功したようで、急ピッチの回復を見せている。私は、仙台に住み始めてから7年目であるが、今年ほど白謙のかまぼこを自分で購入したり、お歳暮で贈った年は記憶にない。

　今回の取材で、白出社長の人柄とリーダーシップによって成功してきた会社だと実感した。品質に関するこだわり（意識）を強く持たれている点が、多くのかまぼこ製造業の中でも群を抜いていると感じた。とかく営業ばかりに力を注ぐ中小の経営者が多い中で、品質こそ中長

期的にはペイすることを実践してきた経営者といえる。

　スタンフォード大学のクランボルツ教授らが 1999 年に研究発表した考え方に「プランド・ハップンスタンス（planned happenstance）」がある。直訳すると「計画された偶然」となるが、誰にでも巡ってくる偶然のチャンスを呼び込むために普段から努力を重ねて能力を磨いておく姿勢を意味する。日頃から品質にこだわり、地道な経営努力の継続で白謙ファンを増やしてきたことが、白謙ブランドを大震災から守ったといえる。

〔脚注〕
1　ISO9001 は、製品やサービスの品質保証を通じて組織の顧客や市場のニーズに応えるために活用できる品質マネジメントシステムの国際規格のこと。

〔引用・参考資料〕
・白謙蒲鉾店ホームページ　https://www.shiraken.co.jp/

4章 コアコンピタンスに基づいた製品開発（榮太樓總本鋪）

コアコンピタンスとは

　コアコンピタンス（core competence）とは、顧客に対して価値提供する企業内部の一連のスキルや技術の中で、他社が簡単には真似ることができないその企業ならではの核（core）となる能力（competence）を指す。競合他社に対する経営戦略上の根源的競争力の源泉になるものである。

　コアコンピタンスは、ゲイリー・ハメルとC.K.プラハードが『ハーバードビジネスレビュー（Harvard Business Review）』Vol.68（1990年）へ共同で寄稿した「The Core Competence of the Corporation」ではじめて紹介された概念である。同論文では「顧客に特定の利益をもたらす技術、スキル、ノウハウの集合である」と説明されている。具体例として自動車産業が取り上げられ、ホンダのエンジン技術が自動車、芝刈機、除雪機まで、コア技術を幅広く展開されていることなどが取り上げられている。

　「老舗企業は革新の連続事業体」と説明されることが多いが、そもそも老舗企業であっても、創業当時はまさに今でいうベンチャー企業であり、設立の精神、企業理念には、ベンチャー精神、起業家精神が内包されていたと考えられる。つまり老舗の創業者は、日本の産業史を代表するベンチャー企業家であった。老舗企業には、設立当初から革新志向の社風があったればこそ、長い時代の変化の中で、その時代のニーズに合わせた製品づくりを行い、存続できたと考えることもできる。

「伝統と革新」～老舗経営者が語るキーワード

　今回のインタビュー取材で、老舗経営者が語った経営に関するキーワードを整理すると、多くの経営者が「伝統と革新」を挙げている。しかし老舗である以上、本業は捨てるものでも離れるものでもなく、あくまでも本業の強みの上に己を築くこと、つまりコアコンピタンス

に基づいた製品づくりを続けてきていることを伺い知ることができる。

しかしだからといって、看板商品を漫然と販売しているわけではない。たとえば、森永製菓のロングセラー商品であるチョコボールは、過去44年間、毎年のように微妙に味を変更しているそうである。本書で取り上げている木村屋總本店の桜あんぱんも、発売当初のものと現在販売されているものとは、原材料が異なる。常に改善、改良を目指し製品に磨きをかけることと、時代の流れに伴って変動する市場にマッチさせる努力と工夫を老舗企業は行っているといえよう。

本章では、安政年間から売れ続けているすっぱくない榮太樓總本舗の主力製品である「梅ぼ志飴」と、最近注目されている「あめやえいたろう」で発売されている「スイートリップ」を例に、コアコンピタンスに基づいた革新について考えていきたい。

コアコンピタンスに基づいた製品開発
〔榮太樓總本鋪〕

■□ 榮太樓總本鋪の概要

　株式会社榮太樓總本鋪(えいたろうそうほんぽ)は、東京の日本橋に本社を置く和菓子の製造販売会社である。1857年（安政4年）に創業された和菓子の老舗として古くから知られている。和菓子は、京、長崎、江戸などに分類できるが、榮太樓の和菓子は江戸菓子である。一般的には百貨店などで扱われる梅ぼ志、抹茶、黒飴などの種類がある「榮太樓飴」や、金鍔(きんつば)、玉だれ、甘名納糖といった和生菓子がある。榮太樓は和生菓子以外にも、焼菓子、水ようかん、あんみつなどを販売しており、贈答用の菓子類に強く、国内の百貨店には同社の専門店が多数存在する。榮太樓總本鋪の販売員が直接対応する店舗は都内と横浜に11店舗、同社製品の一部を取り扱っている販売店は、百貨店を中心に北海道から沖縄まで全国に約180店舗、さらに卸売業者を通して多くの量販店、コンビニエンスストアと幅広い。

　一方、無店舗販売では、楽天市場でのインターネット販売が主なルートである。多くの顧客に親しまれ、可能性のあるすべての市場に対応しつつ、品質は最高位のものを目指している。商品コンセプトは、行事を中心とした季節感の表現である。関西の「雅」とは一線を画し、変わりゆく江戸の洒落と活気、すなわち「いなせ」をデザインモチーフとしている。

　日本橋の本店には、創業当時の店内のスペースである2坪（奥行き2.3m、幅3m）が区分けされているが、店舗がたった2坪ほどしかなかっ

4章　コアコンピタンスに基づいた製品開発（榮太樓總本鋪）

創業の地、日本橋にある榮太樓總本鋪本店

たのにはワケがある。それはあえて間口を広くせず、お客様に並んでもらうための工夫であった。そうすることで行列ができ、行列ができると周囲で話題となり、顧客間の口コミにより、さらに評判になるというマーケティングの演出手法を当時すでに取り入れていた。

● 主力商品「梅ぼ志」の誕生

　主力商品の「梅ぼ志」は、明治初めの頃、砂糖を煮詰めた飴を冷やし、本紅を混ぜ、棒状に伸ばして一粒一粒ハサミで切り、その切り口を三本の指で摘み、押さえて成型した。色は赤く、形は摘まれるために表面にシワができている。その姿が酸っぱい梅干に似ていることから、敢えて酸味とは正反対の甘い飴に江戸ッ子の洒落と機知を働かせて「梅ぼ志」と名付けた。

　この飴は、有平糖でつくられている。有平糖は、1549年スペイン人の宣教師フランシスコ・ザビエルが鹿児島県種子島に上陸してから

始まった南蛮貿易によりもたらされた南蛮渡来菓子のひとつである。そのルーツは、ポルトガル領テルセイラ島で家庭でも作られている「アルフェニン」いう砂糖菓子である。味わってみると、水飴主体の他の飴とは違う。他の飴と比べて水飴の分量が極端に少ないことと、飴を煮詰める温度管理により、微妙な違いを生み出している。

一般的に飴と呼ばれるものには、砂糖やその他糖類を加熱して熔融した後、冷却して固形状にしたキャンディなどを指し様々な種類があるが、その多くは子供のオヤツ、駄菓子として扱われることが多い。のしをつけて贈答用に使われるのは、榮太樓飴くらいであろう。梅ぽ志飴 1857 年（安政 4 年）以外に黒飴 1892 年（明治 25 年）、抹茶飴 1952 年（昭和 27 年）、紅茶飴 1959 年（昭和 34 年）、のど飴 2009 年（平成 21 年）もあり、これらの総称として「榮太樓飴」といわれている。

榮太樓飴という呼び名は、1955 年（昭和 30 年）前後、鉄道弘済会（現キヨスク）や当時の列車内販売を請け負っていた日本食堂や帝国ホテルなどと取引をするようになってからいわれるようになった。列車販売を開始した当時、車内の販売員が「東京みやげ　榮太樓の梅ぽ志、黒飴、抹茶飴はいかがですか」というのでは、呼び売りの文句としては言いづらく、特に「小田原名産の梅干」と混同される恐れもある。彼女たちの間で、「金太郎飴」と語呂も合うことから自然発生的に「榮太樓飴はいかがですか」という言葉が出来上がってきたようだ。この後、一般用語として使用されるようになり、さらに容器にも表示されるようになった。「梅ぽ志飴」は、京都の芸者衆が口に入れて唇を舐めると光って、少しキレイに見えたという。後述するリップグロスの形状をした人気商品「スイートリップ」も、実は「梅ぽ志飴」からヒントを得て生まれた製品である。

● 人気商品対応で飴専門店「あめやえいたろう」を出店

「缶入りみつ豆」のテレビ CM では、有名な「はーいえいたろうで

す」というフレーズがあり、中高年者なら誰でもメロディーとともに記憶にあるだろう。また、かつて銀座江戸一が製造していた「ピーセン」も、1999年からは榮太樓總本舗がレシピを継承し製造しているスナック菓子だ。現在、榮太樓總本舗で販売中の種類は、ピーセン、海老うまくち、黒胡椒、チーズの4種類がある。2007年2月には、伊勢丹新宿本店地下1階に飴専門店「あめやえいたろう」を出店し、「板あめ羽一衣」「みつあめ天使のおしゃべり」「スイートリップ（Sweet Lip）」など、ユニークで美しいアイデア製品が若い女性を中心に人気を博している。

「あめに恋して　あめに夢みて」をテーマに掲げ、化粧品のブランド店のような綺麗なショーケースに製品が陳列されている。形状の美しさと斬新さが話題となり、その後、多くのメディアで取り上げられて一大ブームになった。筆者もゼミの女子学生に買っていったところ、大変喜ばれた。見た目は口紅だが、中身は蜜状の飴なので、パン、ヨーグルトなどにかけて使用できる。最近では、2010年9月に銀座三越店に「あめやえいたろう」の2店舗目がオープンした。

■□ 榮太樓總本舗の歴史

文政期の1818年、初代徳兵衛が長孫の安太郎（初代安兵衛）と次孫の安五郎を連れて飯能横町から出府し江戸へ出てきて、揚煎餅を売る屋台店「井筒屋」を起こす。やがて後を継いだ3代目細田安兵衛（幼名榮太郎）が、父の代まで井筒屋と称して菓子商を営んできた屋台店をたたみ、金鍔（きんつば）を焼いて商っていた日本橋西河岸（現在の榮太樓ビルの地）に1857年（安政4年）、独立の店舗を構えた。その数年後、屋号を自らの幼名榮太郎にちなんで「井筒屋」から「榮太樓」に改号し、有平糖梅ぼ志飴／甘名納糖（文久年間）／玉だれを創製する。

この当時、飴は麦などの穀物から作った糖が原料の"水あめ"や"千

歳飴"のようなものだったが、初代は明治に入り、上質白砂糖の入手が容易となるや原料にして、食べやすい一口サイズの飴を作ったところ、それが大ヒットした。ここに「榮太樓飴」の元祖が誕生したのである。1875年（明治8年）には「郵便報知新聞」（1月13日刊）で榮太樓の繁昌ぶりが記事となる。1877年上野で開催された内国勧業博覧会では甘名納糖で優等賞を受賞した後、1885年、イギリス、ロンドンのサウスケンジントンで開催された「万国発明品博覧会」に出品した。

その後、知名度を東京一円に拡大していったが、1923年の関東大震災で店舗や工場も灰燼に帰すが、4日後には従業員を集め饅頭を作り箱車に積んで販売する。1940年には有限会社となるが、1945年には東京大空襲で工場も店舗も焼失し、戦後は無からのスタートとなる。1947年、本店に喫茶室を併設、開店し、榮太樓3代目社長に細田修三が就任し、姉妹会社「榮太樓食品工業株式会社」を設立した。1951年量販体制を取り入れ、渋谷東急東横店「東横のれん街」に出店する。1956年には調布工場が榮太樓食品工業の生産部門として開始する。1972年、販売部門の「榮太樓總本鋪」と製造部門の「榮太樓食品工業株式会社」が合併し、株式会社榮太樓總本鋪として改組した。1981年には「缶入りみつ豆」を発売、国内の百貨店の各専門店で販売するとともに、同社を代表する商品のひとつへと成長させた。

「万国発明品博覧会」に展示された榮太樓本店製造場略図

榮太樓總本舖の会社データ（2024年8月現在）

会社名	株式会社 榮太樓總本舖
創　業	文政元年（1818年）
会社設立	平成23年（2011年）
代表者	細田　将己
事業内容	菓子製造販売
本　社	〒103-0027　東京都中央区日本橋1-2-5
工　場	〒192-0919　東京都八王子市七国1-29-3
電話番号	03-6880-2900（代表）
店　舗	日本橋本店はじめ都内および全国有名デパート・駅ビル内

（同社HPより引用）

榮太樓總本舖の年表

1818年(文政元年)	埼玉県飯能で菓子商をしていた細田徳兵衛が、2人の孫を連れて江戸に出府。現在まで続く和菓子業の礎となる「井筒屋」を九段坂に構える。
1857年(安政4年)	かの黒船来航の頃、三代目細田安兵衛（幼名栄太郎）が、井筒屋と称して父の代迄、菓子商として続けてきた屋台店をたたみ、日本橋西河岸（現在の榮太樓ビルの地）に独立の店舗を開く。その後屋号を自己の幼名に因んで榮太樓と改め、「甘名納糖」「梅ぼ志飴」「玉だれ」などを創製。
1940年(昭和15年)	個人商店を「有限会社榮太樓總本舖」に改め、四代目細田安兵衛が榮太樓二代目社長に就任。
1947年(昭和22年)	細田修三が榮太樓三代目社長に就任。喫茶室を設けていち早く戦後の事業復興の機を掴み、同時に、製造を業務とする「榮太樓食品工業株式会社」を設立。
1951年(昭和26年)	渋谷東急「東横のれん街」に出店、以後東京及び全国の有名デパートののれん街に漸次進出して生産能力の倍増を図る。
1962年(昭和37年)	地下3階地上9階の榮太樓ビルを竣工。
1972年(昭和47年)	販売部門「榮太樓總本舖」と製造部門「榮太樓食品工業株式会社」が合併し「株式会社榮太樓總本舖」となる。

1974年(昭和49年)	水ようかんとともに夏の主力商品に成長したみつ豆のテレビCMを放映。「はーいえいたろうです」のジングル・ロゴが世間に広まり、榮太樓を象徴する商品のひとつとなる。
2007年(平成19年)	榮太樓のセカンドブランドとしてコスメや宝石のような革新的な飴のライン「あめやえいたろう」が誕生。
2010年(平成22年)	榮太樓の名代菓子である金鍔を、手焼きの品質を守りながら日保ちする個包装化に成功。
2013年(平成25年)	八王子に生産工場を新設移転し、生産体制をさらに強化。同年、国産果物を使用した他に類を見ない無香料・無着色の果汁飴5種を新発売。「世界最高品質の飴を作る」をテーマに榮太樓飴のラインアップを広げる。
2015年(平成27年)	多彩な和のお菓子から少しずつ選べる「にほんばしえいたろう」スタート。
2017年(平成29年)	体に優しい糖質オフの「からだにえいたろう」の新ラインをスタート。

(同社HPより抜粋・引用)

4章　コアコンピタンスに基づいた製品開発（榮太樓總本舗）

《榮太樓總本舗》 細田 眞(ほそだ まこと) 社長インタビュー

　細田眞社長は、8代目社長である。1954年生まれ。1977年に慶応義塾大学商学部を卒業し、日本郵船に就職した後、1983年に榮太樓總本舗に入社。2008年6月に社長に就任した。同社ではこれまで主に企画・製造部門を中心に歩んできた。大学時代はボート部に所属し、今でも体を動かすことは好きだという。ゴルフ、水泳、読書（特に山本周五郎をはじめとした歴史小説）を趣味としている。

＊　　＊　　＊

——伊勢丹新宿本店の「あめやえいたろう」が一大ブームになっていますね。

　「あめやえいたろう」は、2007年2月にオープンしました。これは伊勢丹本店のリニューアルに伴い斬新なイメージの店舗、品揃えを求められたからです。当社のコアコンピテンスといえる有平糖の製造技術がなければできない製品は何かを模索して、最初は板飴、みつ飴などを販売していました。

　2009年3月には、スイートリップが製品ラインに加わりました。スイートリップの製法は、まさに、有平糖の技術なのです。この製品は当社の女性スタッフのアイデアから生まれました。その後、テレビをはじめ多くのメディアで紹介されたことで有名になりました。放映された後は、長蛇の列で午前中に品切れしてしまう状態が続くこともあります。先日は名古屋から新幹線に乗ってきたというお客様がいらっしゃったのですが、列の途中で品切れになってしまい、本当に申し訳ないと思っています。

――貴社の社風はどのようなものでしょうか。

　アットホームな雰囲気ではないかと思います。落ちついた和気あいあいとした社風であると、多くの社員は感じていると思います。2007年4月に創業150年の節目を迎えましたが、伝統に胡坐をかくことなく「温故知新」の社風の下、時代を先取りした提案を続けていくつもりです。

――まさにスイートリップは、有平糖の昔から蓄積してきた技術を新しい形で活かした「温故知新」を具現化した製品ですね。ところで貴社は、顧客あるいは社会からどのような会社であると思われたいですか。

　真面目で安心、美味しいものを正直かつ手を抜かずに作っている会社と思われるよう努力しています。伝統は大切ではありますが、かといって古いだけでカビを生やすものではありません。現相談役は、「老舗の古さはカビくさいものではなく、コケむしたものである」とよく語っていました。カビは勝手に生えて汚らしくなりますが、コケは人が育てなければ成長しません。つまり、のれんも人が手をかけて育てるものです。常に磨き上げ、時代時代に合わせた光輝くものであることにこそ、その価値を発揮できると考えています。「味は親切にあり」を社是とし、原料に吟味を重ね、製法にこだわった菓子作りに励んでいます。

――貴社は経営理念を実現する上で、日頃どのような活動をしていますか。

　ISO9000[1]を約10年前に取得しました。従業員の上下のコミュニケーション、意思疎通がはかりやすく、生産でも販売でも現場の声が反映できる組織づくりを心がけています。

――貴社のマーケティングの基本的な考え方について、まずは価格戦略についてお聞かせください。

百貨店での販売価格については定価を守り、量販店、スーパーマーケットなどにおいては市場価格に合わせるようにしています。かといって、原材料費を落としてしまうと製品の品質を落とすことになるので、それはしていません。一般的に考えられているよりも当社の原材料費は高めに設定されています。

——貴社の販売促進、流通戦略についての考え方をお聞かせください。

販売促進では、まずテレビCMの「はーいえいたろうです」が有名ですが、20年近くやっておりません。現在はパブリシティを基本に考えています。

——ライバルはどのような会社であると考えていますか。

それは販売する製品によっても、また市場によっても違ってきます。食品製造企業のすべてがある意味ではライバルですが、同時に同じ業界の仲間でもあります。

——貴社は自社製品のブランドをどのように考えておられますか。

お客様からの信頼があってのビジネスですので、決して製造工程は手抜きをしないことが伝統を守りブランド価値を維持すると考えています。かといって伝統を守ることが改革への「重し」になってはならないとも感じています。

——貴社が長年、事業を継続できた要因は何でしょうか。

お客様に愛される製品をそれぞれの代で作ってきたことではないでしょうか。榮太樓の歴史の中で最大の危機は何といっても先の大戦です。戦時下で砂糖、小豆なども統制を受けていました。甘名納糖など主力製品の製造もままならず、佃煮やジャムまで作って販売してきました。一方、最も成長したのは戦後しばらく経ってからの百貨店ブー

ムのときです。デパートののれん街への展開で売上が大きく伸び、そのお陰で経営基盤が安定しました。

――従業員を採用する基準で最も重視していることは何ですか。

　従業員の男女比率はほぼ同じですが、新規採用は女性のほうが多いです。大卒も少人数ながら採用しています。最初は、製造あるいは販売を担当することになるので、職場の同僚とはもちろん、お客様とコミュニケーションがしっかりとれること、お菓子が好きで、ほとんど同じような仕事でも毎日改善をしながら根気よく続けることができる真面目で誠実な人を求めています。

――従業員教育において重視していることは何ですか。

　挨拶、ホウレンソウ（報告・連絡・相談）、整理整頓、商品知識といったごく基本的なことですが、基本をきちんとこなすことは実はそれほど簡単なことではありません。

――貴社は現在、グローバルな事業を展開していますか。また将来、展開される予定はありますか。

　商社を通して、缶入みつ豆、あんみつを少し出している以外、ほとんどありません。中国市場へのトライアルはしていますが、まだ本格的な段階ではありません。日本食は寿司をはじめ海外にかなり出ていますが、和菓子はまだほとんど出ていません。結果として、日本の和菓子は評価される以前の段階で、「日本にはデザートを食べる文化がないのか」と誤解されているのではないかと心配しています。日本人は手先が器用で素晴らしい和菓子がたくさんあるのに残念なことです。

――貴社が行っている社会貢献活動についてお聞かせください。

「日本橋」[2]の名橋保存会をサポートしています。日本橋は架橋400年（木製300年、石製100年）の天下の名橋ですが、昔日の面影は残念ながらありません。日本橋の存在は江戸っ子にとって大きく、愛情の念はとても深いのです。保存会ではこよなく日本橋を慈しみ、日本橋をよみがえらせる活動をしています。また八重洲、京橋、日本橋地区を結ぶ無料巡回バス「メトロリンク日本橋」[3]のお手伝いもしています。日本橋へのお買い物や、観光、ビジネスの足として多くの人に利用してもらえれば嬉しいですね。

――老舗企業の経営者に求められる資質・能力・適性とはどのようなものですか。

老舗に限らず経営者全般という意味では、覚悟と胆力でしょうか。老舗に限っていえば、伝承すべきものと革新すべきものの判断でしょうね。

――最後に現状および将来の課題、目標、夢についてお聞かせください。

百貨店ののれん街の成長とともに売上を伸ばしてきましたが、百貨店の低迷とともに今後の成長戦略を新たに考えなければならない時期です。変化に対応しながら「粋」と「こだわり」を大切にしていきたいです。また、アンドリュー・カーネギー[4]は人材活用の重要性を唱えていますが、優れた人材を育成していくことも経営者としての重要な課題です。

★取材を終えて

株式会社榮太樓總本鋪は、東京の日本橋に本社を置く和菓子の製造販売会社である。日本橋の三越から歩いて数分であり、まさに東京のど真ん中に位置する。一階の店舗は、江戸を偲ばせる展示物があり美

術館を見学している気分になる。インタビューをした細田社長の印象は、冷静で社交的で品があり、老舗のトップらしい雰囲気が感じられる方だった。元々、私自身は飴が特に好きな訳ではなかったし、同社のイメージは、やや古めかしい老舗、「はーいえいたろうです」のCMで宣伝していたみつまめなど和菓子のイメージであった。

　今回事例としてご紹介したのは、インタビューで取り上げたスイートリップの開発と伊勢丹新宿店の店舗に関心があり、マーケティング的な興味からであった。今回の取材で、同社は古くて新しい会社であることを知ることができた。スイートリップは、私が勤務する食産業学部フードビジネス学科の女子学生にとても好評で、持っているだけで羨ましがられる。読者諸氏には、クリスマスやバレンタインデーといった混雑する時期の前にスイートリップを仕入れておくことをお勧めしたい。

〔脚注〕

1　ISO9000は、ISO（国際標準化機構）が定めた、組織における品質マネジメントシステムに関する一連の国際規格群を指す。企業などが顧客の求める製品やサービスを安定的に供給する"仕組み（マネジメントシステム）"を確立し、その有効性を継続的に維持・改善するために要求される事項などを規定したもので、ISO 9000が求めるマネジメントシステムの要諦は、「明確な方針・責任・権限の下、業務プロセスをマニュアル化（手順化）して、それを仕組みとして継続的に実行、検証を行うこと」である。

2　日本橋は、1603年に作られた。全国各地へ通じる五街道の起点とされ、江戸時代の繁栄の象徴であり、道路、交通の中心だった。明治時代に現在の橋が架けられた。

3　メトロリンクは、毎日午前10時から午後8時まで、東京駅八重洲口と日本橋の南北のエリアを、約10分間隔の運行で結んでいる。車両は、独創的なフォルムのタービン「EVバス」と小型のコミュニティバスを導入。どちらの車両とも「低公害」「低騒音」で人と環境に優しいバスである。車体の外装に、日本橋や京橋を行きかう活気あふれる人々を描いた「江戸名所図屏風」をリング状にデザインしたものを採用し、歴史ある日本橋にマッチしたデザインに

している。
4 アンドリュー・カーネギー（Andrew Carnegie,1835 年〜 1919 年）は、アメリカ出身の実業家。カーネギー鉄鋼会社を創業し、成功を収め「鋼鉄王」と称された（後に会社は売却され、合併して US スチール社なる）。事業で成功を収めた後、教育や文化の分野へ多くの寄付を行ったことから、慈善家としてよく知られている。また多くの名言を残している。墓碑に刻まれた言葉は「自分より賢き者を近づける術知りたる者、ここに眠る（Here lies one who knew how to get around him men who were cleverer than himself.）」。

〔参考資料〕
・『老舗の強み』安田龍平・板垣利明編著（同友館）2006 年
・榮太樓總本鋪ホームページ　https://www.eitaro.com/
・あめやえいたろうホームページ　https://www.ameyaeitaro.com/
・名橋「日本橋」保存会　https://www.nihonbashi-meikyou.jp/

5章　顧客の生涯価値（山本海苔店）

顧客の生涯価値とは

　顧客の生涯価値（life value of customer）とは、一人（法人の場合は一社）の顧客が取引を始めてから終わりまでの期間（顧客ライフサイクル）を通じて、その顧客が企業や企業ブランドにもたらす損益を累計して算出したマーケティング上の成果指標のことである。1990年代から注目された概念である。

　筆者は1996年から1998年にかけて、アメリカのインディアナ大学経営大学院（インディアナ州ブルーミントン）に留学していたが、その当時から顧客の生涯価値がマーケティングの中心テーマであった。当時の担当教授で現在同大学院の学部長であるダン・スミス（Daniel C. Smith）教授も、マーケティング戦略を考える上で最も大切な概念であると強調されていた。顧客を獲得維持するためのマーケティング費用（marketing cost）と、顧客の購買額との差額が価値となる。英語名を略してLTV(Lifetime Value)、CLV(Customer Life Value)と呼ばれる。

新規顧客獲得より既存顧客リピート購買のほうが効率的という概念

　この指標が用いられる背景には、新規顧客を獲得するよりも、既存顧客にリピート購買させるほうが企業の利益につなげやすい、つまり効率的であるという考え方にある。一般に、成長市場のシェア拡大においては新規顧客獲得が重要だが、成熟市場では顧客シェアの維持と拡大が重要となる。クレジットカード会社、携帯電話会社、家電量販店などで取り入れられているポイント制、航空会社のマイレージシステムは、顧客の囲い込みおよび顧客生涯価値の向上を意図したものである。

　ただしそのスキームによっては、いたずらにコスト増をもたらし、逆に企業の収益を圧迫しかねない。顧客生涯価値を高める上では、顧客との良好な関係、信頼関係を維持するための接客などのソフトスキ

ルと、IT技術を用いたデータベース・マーケティング手法のようなハードスキルの両方が不可欠となっている。

　この指標が注目される背景には、顧客を新規に獲得するには既存顧客維持の5倍のコストが必要だとされることがある。利益最大化を考えた場合、既存顧客（特に固定客・リピーター・得意先など）からの売上を重視するほうが効率的であり、一人ひとり（一社一社）の顧客シェアを重視すべきという考えから、それを計測する指標として考案されたものである。

　既存顧客からの売上や利益を増加させるには、別の商品を売り込む、購買頻度を増やす、顧客コストの削減を通じて利幅を大きくするなどの方法が考えられるが、顧客の生涯価値（Lifetime Value）に基づく経営戦略では、一時的な売上増よりも顧客との長期的な関係――すなわち生涯価値を重視する。

　この意味において顧客生涯価値は、顧客の将来の経済価値を予測するものであり、カスタマーリレーションシップマネジメントの推進（顧客とのリレーションシップの維持）や上位顧客化（リピート購入の促進など）といった顧客シェアや顧客ロイヤリティを獲得するための活動の指標となるものである。そして顧客を維持するためには、ぶれない経営理念と老舗としての一貫したイメージ戦略、品質への信頼が不可欠であることは言うまでもない。

　もちろん「顧客維持が重要」といっても、顧客維持活動にもコストが掛かるため、安易な安売りやインセンティブ、過剰なキャンペーンは利益額を減じることになり、LTVの最大化を妨げる場合もあり得る。そこで顧客獲得コストと顧客獲得率・離反率、顧客維持コストと顧客維持率のバランスを注意深く見ながら、マーケティング活動をコントロールすることが求められる。

一貫したイメージ戦略
〔山本海苔店〕

■□ 山本海苔店の概要

　株式会社山本海苔店は、海苔の製造・販売を行う会社である。創業は1849年（嘉永2年）で、長い歴史を誇る老舗の海苔店として全国的に有名である。現社長の山本德治郎氏は、創業から6代目となる。初代山本德治郎が海苔の専門店を創業し、2代目の時代には、海苔製品を8種類に分類するなどの工夫を重ねて「海苔は山本」の名声が確立された。

　現在、全国各地の有名百貨店および上海やシンガポールに販売店を持っている。また味附海苔は山本海苔店が生み出したものである。本社（東京都中央区日本橋室町1丁目）は、日本橋から徒歩1分、三越日本橋本店のほぼ真向かいにある。創業当時、日本橋に魚河岸があったために、この地に店を構えることになった。

●共同開発、海苔加工品の幅を広げる

　日本橋のこの界隈には老舗と呼ばれる会社が数多く存在する。食品会社では、山本海苔店、榮太樓總本鋪、にんべんなどである（この3社は、2010年末期間限定で「日本橋餅」を共同開発した。にんべんの鰹節でとっただしを使用した程よい甘さのみたらしたれを、榮太樓總本鋪の餅で包み、山本海苔店の海苔でくるんだ和菓子である）。

　主力製品は贈答用の高級海苔であるが、最近はおつまみ海苔のような海苔加工品の幅を広げている。またサンリオとの共同企画商品とし

日本橋室町本店店内

て、海苔菓子「はろうきてぃ のりチップス」や「ハローキティ ポケット焼のり」「ハローキティ ポケット味附のり」などのキャラクター商品もある。焼きのり・味附のりは小分けのパックにも、かわいいキティの姿がプリントされ、また防湿性の高いアルミ袋を使用しており、お弁当に持って行っても海苔が湿気ないような工夫が施されている。

●イメージ戦略の象徴～ギネスに認定されたイメージキャラクター

　同社のイメージキャラクターとしては、女優の山本陽子を1967年から現在まで57年間連続して起用している（山本陽子は、同社のCMに最初に起用された当時は25歳だった）。このような長期にわたる起用は、国内ではもちろん世界にも例はなくギネス認定されている。これだけ長い期間にわたりCMを務めた女優・タレントは本当に珍

しく、同社の企業理念同様に、一貫したイメージ戦略の象徴といえよう。森光子のタケヤみそのCM（1967年から一時中断を経て40年間「タケヤみその顔」として親しまれてきた）や、藤岡琢也のサッポロ一番のCM（1969年〜2004年の35年間）もこれには及ばない。

なお、同じ東京の日本橋にあるお茶と海苔を主に販売している株式会社山本山（本社：東京都中央区日本橋2-5-2）とは全くの別会社であり姻戚関係もない。

■□ 山本海苔店の沿革

初代山本德治郎は1849年（嘉永2年）、山本海苔店を日本橋室町一丁目に創業した。この地名は江戸開府後、程遠からずして作製された「寛永江戸図」にもすでに「むろまち一丁目」と記載されている。以後平成の今日まで一貫してその名称が用いられている由緒ある町名である。「室町」の名の由来は判然としていない。京都の室町にならったという説もあるが、この附近には京都の地名を移したものがほとんどない。むしろ人の集まっている所を「村（むら）」といい、また「群（むれ）」と同義語の「むろ」という古い言葉を用いて名づけられたのではないかともいわれている。

初代が生をうけた文化・文政の時代は、いわゆる「大江戸文化」の爛熟期だったが、青年時代は江戸時代の三大改革のひとつである「天保改革」（1841年）を迎え、政治・経済の大変革期となった。この躍動期に「室町」の名の示すとおり、すでに多くの人々が集まっていた江戸の中心であるこの地に山本海苔店を創業したのである。

2代目の江戸後期から明治初期の時代に初代の蒔いた種が実り、「海苔は山本」の名声が確立された。従来、海苔は浅草海苔として画一的に仕入・販売されていたが、2代目はまず、一見同じように見える海苔を厳格に8種類に分けた。また2代目は、「顧客の最も必要とされ

る商品を最も廉価で販売せよ」と常々口にしていたという。さらに販売面ばかりでなく製造面についても常に創案にはげみ、1869年（明治2年）、明治天皇が京都へ御行幸の際、御所方へのお土産として光栄ある上納方を同店が仰せつけられた折、初めて焼海苔に味をつけることを考え「味附海苔」を苦心創案した。これが「味附海苔」の元祖である。宮内省(現・宮内庁)御用達の御用も、この2代目の時代に始まった。

● 登録商標㊺の由来

3代目の時代は、日露戦争の勝利に続く日本経済の発展期であった。1916年（大正5年）当時は、すでに国内のみならず遠くハワイ、アメリカ本土などにも積極的に輸出していた。そのため同店の「マルウメブランド」は、日本の海苔の最高品質の代名詞として用いられるようになった。 マルウメブランドは、同店が創業当時から使用している。その後登録商標法が制定され、直ちに出願し、1902年（明治35年）3月5日に認可を得て引続き登録商標㊺マークとして現在に至っている。梅 の由来は、海苔が梅と同じように香りを尊び、梅の咲く寒中に最㊧上質の海苔が採取されたことにちなんでいる。同店の製品に「梅の花」「紅梅」「梅の友」など、梅の字を使った品々が多いのもこのためである。

● 関東大震災にも負けず新しい感覚と技術を取り入れる

関東大震災（1923年9月1日）は4代目の時代に起こり、山本海苔店にとっても一大試練の出来事だった。いまだ余震の残る9月20日、いち早く仮店舗を構えるとともに、震災を機に日本橋から築地に移転した新しい魚河岸にも、初めて山本海苔店築地出張所を設けた。これが本店以外に支店を設けた最初である。こうした機敏な措置により、「災いを転じて福となす」の諺どおり、売上は飛躍的に上昇し続けた。

発祥の地、日本橋室町の本店に掲げられた山本海苔店の看板

　戦時中は、統制経済のもとで堅実な方針を守り続けた。終戦とともにいち早く復興をはかり、終戦の年の末には空襲による瓦礫をかたづけ、山本の「のれん」を掲げた。1946年（昭和21年）、従来の個人商店を会社組織に改め、経営の近代化をはかるとともに、乾海苔の加工技術に新しい手法を取り入れて品質の均一化をはかり、販売網の拡大に力を注いだ。

　現在は大都市を中心に160余店におよぶ売店がある。創業以来、一貫して営業してきた由緒深い発祥の地「日本橋室町」に、1965年（昭和40年）6月、現在の社屋が竣工した。その設計に際しては、近代感覚の中に正倉院の校倉造りの伝統的な日本美を生かすことを考慮した。山本海苔店は海苔ひとすじの「のれん」を掲げ、ひたすら創業以来の伝統を守りながら、その中に新しい感覚と技術を取り入れている。

　現社屋に入って正面奥の壁には、旧社屋に掲げられていた金文字の看板が配され、これは諸井華畦書、中村蘭台篆刻の作である。

　その看板を掲げている壁面は、海苔の細胞を図案化した信楽焼のタイルで覆われている。さらに左側にかけて大きく湾曲した天井があり、

これは海苔船の船底をイメージした造りだ。また、その横の壁は風をはらんだ帆をイメージした造りになっている。そのほか、昔、海苔を保管していた「囲い甕(がめ)」や「海苔船」の模型などもあるので、日本橋に出かける機会があれば、本社社屋にも足を運び見学することをお勧めしたい。日本橋三越本店の道路を隔てた斜め向かいにあるので、すぐに見つけることができる。

● 「緑化優良工場」として表彰、「水産食品加工施設HACCP認定制度認定工場」 として稼働している秦野工場

神奈川県にある同社の秦野工場は、敷地面積42,000m²、工場6,100m²、倉庫880m²の床面積を擁し、緑化優良工場として通産省大臣表彰を受けている。グランド、テニスコートなどを近隣の人たちに開放し、地域社会との調和に努めている。秦野工場は2000年9月にHACCP[1]対応工場として増改築が竣工し、また2003年10月にはアメリカ食品医薬局（FDA）HACCP規則による要件を満たした施設および管理方法を取り入れた工場として、HACCP方式に基づく水産食品加工施設の認定制度（「社団法人大日本水産会」が制定実施）により認定された。

山本海苔店の会社データ（2024年8月現在）

社　名	株式会社 山本海苔店
創　業	嘉永2年（1849年）
本　社	〒103-0022　東京都中央区日本橋室町1丁目6番3号
電話番号	03-3241-0261（代表）
代表取締役社長	山本　貴大
資本金	4800万円
事業内容	乾海苔及び乾海苔を原料とした加工食品の製造販売
海外現地法人	丸梅商賀（上海）有限公司
店　舗	全国有名百貨店および上海久光百貨店、シンガポール高島屋店

（同社HPより引用）

山本海苔店の年表

1849年（嘉永　2年）	初代山本德治郎、日本橋室町一丁目に創業
1858年（安政　5年）	海苔に「マーケティング」の手法を取り入れる
1869年（明治　2年）	日本で初めて「味附海苔」を創製、宮内省（庁）の御用を賜る
1902年（明治35年）	登録商標法制定と同時に「まるうめマーク」を登録し認可される
1946年（昭和21年）	従来の個人商店を会社組織に改め、株式会社山本海苔店を設立
1965年（昭和40年）	日本で初めて「ドライブイン（ドライブスルー）」を設置
1978年（昭和53年）	「おつまみ海苔」発売開始
2014年（平成26年）	日本最大の海苔生産地である佐賀に工場新設
2019年（令和元年）	味附海苔が宇宙日本食として認定
2021年（令和　3年）	山本貴大が代表取締役社長に就任
2023年（令和　5年）	佐賀工場FSSC22000認証を取得

（同社HPより抜粋・引用）

《山本海苔店》 山本徳治郎(やまもと とくじろう) 社長インタビュー

　山本徳治郎社長は1950年生まれの寅年で、慶應義塾大学経済学部を卒業した後、山本海苔店に入社した。子供の頃から親の背中を見て育ち、いつかは自分が後を継ぐことになるという意識はあったという。高校1年生のときから、中元、歳暮のアルバイトをしたり、大学生のときは外商員として集金をしたりと、肌で山本海苔店の業務の流れを学んでいった。大学時代はゼミには入らず剣道部の活動が中心であったという。運動部の中では上下関係、先輩の理不尽な命令にも従わなければならない。このことは自分にとって貴重な経験だったと語る。

　大学を卒業した直後に入社したことで、現場の仕事の経験ができた。パート社員と一緒に作業することはもちろん、工場の掃除をしたり、食事をしたりと、従業員の目線で業務を経験できたことは良かったという。男性社員は社長の息子ということでなかなか気さくには接してくれないが、女性社員は年齢も離れていたこともあり、何でも教えてくれたという。趣味はゴルフ、テニス、歴史小説を読むことだ。三国志などは経営のヒントになることも多く、劉備のような経営者になりたい、その包容力と決断力があるところに惹かれるという。

*　　　*　　　*

——海苔市場全体の概要について、教えていただけますか。

　全国で約90億枚生産されるこの数量は、過去30年間ほとんど変わっていません。業界では1枚のサイズは縦21センチ、横19センチという基準があります。半端なサイズとなっているのは、昔から使っていた木枠や簀(す)のサイズの名残なのです。1枚当たりの平均販売単価は低下傾向にあり、2,300億円くらいの市場規模ではないかと推測されま

す。

　用途としてはコンビニのおにぎりなど業務用が50億枚ですでに50％を超えていて、ギフトや家庭用が減少傾向にあります。当社をはじめ、山本山、山形屋は百貨店での贈答用、白子海苔、ニコニコ海苔などはスーパーに強いです。

　私は海苔の問屋組合の会長をしていますが、加盟しているのは約600社ですので、全国では非加盟会社を含めると海苔の業者はおそらく700社くらいあると思われます。海苔は入札の権利を持った指定業者しか各県漁連の入札会で購入することができず、最安値では1枚3円、最高値では150円くらいで、品質によって価格差が極めて大きな商品です。

　コンビニに納入している業者は売上規模では大きく、当社は一番品質のよいものを仕入れ、主に百貨店で贈答用として販売しているので、枚数で考えると市場シェアは一般に思われているよりも少ないのです。

——海苔の調達先は国内でしょうか。

　当社の原料はすべて国産です。海苔はほとんど国内産で海外からはあまり入ってきません。本格的な海苔養殖をしている国は、日本・韓国・中国の3ヵ国です。

　日本には外国産の輸入枠が12億枚ほどありますが、輸入されるのは50％くらいで、大半が韓国産で、中国産の海苔は中国国内と欧米向けに輸出されています。

——ありがとうございました。話は変わりますが、貴社の社風はどのようなものですか。

　気持ちよく働ける雰囲気で居心地が良いと、多くの社員はいっています。しかし会社である以上、競争もある程度は必要です。ですから

貢献度、業務の成果に応じて処遇には差をつけないといけないとは思っています。もちろん他人を蹴落とすようなことではありません。他者と協力しながら成果を上げることを期待しています。従業員あっての組織なので人を大切にすることは言うまでもありませんが、そのためには仕事でやりがいを感じることができることが必要で、正しく評価してあげることが重要です。

——貴社は顧客あるいは社会から、どのような会社であると思われたいですか。

信頼できる会社、海苔のトップブランド、品質と美味しさにこだわる会社であり続けたいですね。

——経営理念を実現する上で、どのような活動をされていますか。

「のれん会」[2]でもよく話をするのですが、「伝統は革新の連続である」といわれていますが、そうかといって何でも変えたほうがよいというわけではありません。「不易流行」[3]という松尾芭蕉が好んだ言葉があります。この意味は変わるべきものと永遠に変わらないものがあるという意味です。山本海苔店の経営は、お客様のためになることを正直に真摯にやる。その"心"は決して変えるべきではありません。しかし製品技術は時代とともに進歩し顧客ニーズは時代とともに変化しますので、老舗としてのブランドの上に胡坐をかいているだけでは商売は成り立ちません。常に新しいことにもチャレンジすることを大切にしています。そして上からの指示に素直に従うだけでなく、自分で考えることを社員に求めています。したがって、社員から何かを相談されたときは、私の意見を述べる前にその社員自身がどうしたいのかをまず聞くように心がけています。

——貴社のモノづくりの考え方についてお聞かせください。

　美味しい品質の良い海苔をつくるというシンプルなものです。海苔の美味しさとは、簡単に説明すると、旨み、香り、食感（パリパリ感）で構成されています。柔らかく口に含んですぐに溶けないといけません。旨みの要素としてはグルタミン酸、イノシン酸などです。海苔の色は深みのあるほうが良いのです。色に深みがあるということは、色素と旨みがたくさん成分に含まれているということであり、したがって、それが多ければ多いほど深みのある色になります。

——従業員の採用において重視していることは何ですか。

　第一に接客業においては「感じ」の良いこと。これは会った瞬間にだいたいわかります。他人に不快感を与えるような人では困ります。しかし一方で、何かをやりそうな少しとんがった人も変革のパワーとしては必要かもしれませんね。

——従業員教育はどのようなことをされていますか。

　通常はOJTですが、新人研修や専門職研修などはやっています。いい店長のいる店の店員はよく育つことが経験的にわかっています。日常的に仕事の進め方、接客の仕方を見ていますので、自然と良い習慣が身につきます。また当社で特徴的なこととしては「社長と語る」というブレインストーミングを定期的に実施していることです。日頃従業員が考えていることを直接聞く機会を意識的につくらないと、現場の声が聞こえなくなってしまいますからね。風通しのよい会社を実現するためには、直接的な対話が必要と考えています。先代は私の父ですが、どうも社員からすると怖くて遠い存在で、私の目からは、周りの社員は先代の顔色を見ながらそれに合わせて発言しているような光景が見られました。社長としての威厳はもちろん大切ですが、なるべく多くの従業員の意見に耳を傾けるように努めています。

——貴社の今後の事業展開について聞かせてください。

お中元、お歳暮以外のパーソナルな贈答品、インターネットによる無店舗販売、仏事、和食とのコラボレーションなどをもっと積極的にやっていく予定です。

——グローバルな事業はいかがでしょうか。上海にも子会社がありますが……

中国の会社では、日本産の海苔の小売と中国産の海苔を中国国内の業務用として販売しています。中国ではまだ本格的に海苔を食べる習慣がないので、海苔の啓蒙運動を少しずつやっていきたいと思っています。日本食品に関するイベントが開催されることがあり、そのプロデューサー機能も果たしています。物産展のようなものを組織して、上海の久光百貨店で実施しています。またパリやケルンの見本市にも出店しました。ハローキティーのサンリオと提携して、具材付の海苔でキティちゃんののりチップスを製造・発売しましたが、大好評を得ました。特に海外でよく売れています。

——新製品についてはどのようなものがありますか。

カンロと共同開発した「海苔のはさみ焼き」があります。スナックとしての海苔ですね。また、キティちゃんのデザインでは、のりチップス、ポケットキティ焼のり・味附のりなどです。

——最後に老舗の経営者に求められる資質、能力、適性はどのようなものであると考えておられますか。

バランス感覚と優先順位のつけ方。またあえて老舗企業ということに限定すれば、変えるべきものと変えてはならないものの峻別力であると思います。また女性の活用も大切ですね。当社ではやっと最近、女性の部長が誕生しました。私はOBとして慶應義塾大学の卒業式に

招待されるのですが、成績優秀者はいつでもどの学部でもたいてい女子学生で、たまに男子学生が呼ばれると拍手が起こるくらいです（笑）。女性には単なるアシスタント業務ではなく、もっと重要な役割を担ってもらうことを組織として考えなければなりません。顧客の半数以上が女性であり、家庭での贈答品の意思決定もほとんど女性が行っているのが現実です。

——将来の課題、夢は何でしょうか。

今までもこれからも海苔屋であることに変わりはありません。もしそうでないなら山本海苔店の社会における存在価値はないと考えているからです。世界の人々に美味しい海苔を食べていただくことが一番の夢です。

★取材を終えて

海苔は子供の頃から大好きで、我が家ではよく手巻きをして食べていた。ラーメンでも吉村家に代表される横浜の家系ラーメンを好んでよく食べる。家系ラーメンとは、中太麺と豚骨醤油のスープの組み合わせに、具はチャーシュー、ホウレンソウ、そして角切りの海苔が4〜5枚入れてあるのが特徴である。中華そば、支那そばによく入っている長葱、メンマ、ナルトとは異なる。胡麻油と塩味に特徴のある韓国海苔も好きだ。このように消費者としては、長年、海苔にはお世話になってきたが、海苔について業界のリーダーから話を伺うのは初めての経験であった。

山本社長はとても気さくで、話のしやすいタイプである。人柄の良さが感じられ、このようなリーダー（筆者の経験ではあまり多くない）の元で働ける社員は幸せである。経営トップの中には他人の話を聞くことができず、一方的に自分の成功体験を話したがる人もおり、このようなタイプの経営者では部下は面従腹背で、内発的な動機が生まれ

ないので、結果として良い仕事はしない。その結果、成果がでないということになりかねないので組織におけるトップの役割は極めて大きい。

ところで、筆者の住んでいる宮城県は水産業が盛んである。中でも東松島市では海に面していて、漁業、特に海苔養殖が盛んに行われていた。東松島市内の矢本地区で採れた海苔は、今年まで6年連続で皇室に献上するほど品質が良い。

しかし、東日本大震災により宮城県の養殖施設は大きな被害を受けた。生産に必要な刈り取り機、洗浄機、乾燥機などの養殖機材も、船もなくなり、これから再び養殖をはじめるのは容易なことではない。海苔養殖には、複数の漁船や加工・養殖施設が必要で、初期投資だけでもかなりの費用を必要とする。このような厳しい状況にもかかわらず、ノリ養殖業者は皇室献上海苔を復活させようと決意している。複数の養殖業者が共同で機械を利用する場合には、国から調達資金を支援してもらえるため、養殖業者一丸となり、協業化で養殖再開を目指そうとしている。

このような厳しい業界の現状の中でも、日本の高品質の海苔がこれからも盛業であるために、山本海苔店の存在は重要である。

〔脚注〕

1　HACCP（Hazard Analysis and Critical Control Point）は食品の中に潜む危害（生物的、化学的あるいは物理的）要因（ハザード）を科学的に分析し、それが除去（あるいは安全な範囲まで低減）できる工程を常時管理し記録する方法。
2　「東都のれん会」のこと。1951年（昭和26年）に設立された「江戸・東京で3代100年以上、同業で継続し現在も盛業」の条件を満たす53店舗からなる会。
3　松尾芭蕉（寛永21年～元禄7年：1644年～1694年）が『奥の細道』の旅の間に体得した俳諧理念。「不易を知らざれば基立ちがたく、流行を知らざれば風新たならず」つまり「不変の真理を知らなければ基礎が確立せず、変化を知らなければ新たな進展がない」という意味。新味を求めてたえず変化する流行性こそ不易の本質があり、不易と流行とは根本においてひとつであると

いう考え。

〔引用・参考資料〕
・山本海苔店ホームページ　https://www.yamamoto-noriten.co.jp/

6章　ブランディング(千疋屋総本店)

ブランドとは

　ブランドとは、自社製品を認識させ、競合商品と区別するために用いられる名称、言葉、象徴、デザイン、あるいはそれらを統合したものである。顧客にとってブランドは、品質、デザイン、色、柄などの特徴を象徴するものとして、意識の中でイメージが形成され浸透している。ブランドは希少性、社会的ステータスとしてのみならず、自分に合った商品を見分ける手段として評価される。またブランディングとは、企業が顧客にとって価値のあるブランドを構築するための活動を指す。D. A. アーカー（D. A. Aaker）によれば、ブランド構築には、「顧客との深いつながり」が必要であると述べている。企業が顧客にどのように感じてもらいたいかという目標やイメージを設定し、顧客の期待に応え続けることでブランドは構築される。

消費者側から見たブランド、企業側から見たブランド

　近年においては製造技術、栽培技術の進歩により、他の商品と比較して、食品であってもその商品特性の中心的要素である「味」に極端な違いのないことがむしろ多い。それだけに過去に購入した経験、見た広告、信頼している知人、友人、家族などから得た口コミ情報などで、自然と認識されたブランドに手を伸ばすケースが多い。つまり顧客にとってのブランドは、他の商品と識別するための印としての機能を果たし、その印が一定の品質を保証する。そしてそれを購入することで、どのような気分になるか、周りにどのような雰囲気を醸し出すかという情緒的価値を賦与する。

　一方、企業にとってブランドは、企業イメージを向上させ、一定程度の売上を実現し、その結果として事業収益を安定させる。本書で取り上げている老舗企業はそのブランドが、競合他社への競争優位性を確立する基盤となっており、したがって老舗企業にとってはとりわけブランド戦略の成否が、企業経営の最重要事項になるのである。

6章　ブランディング（千疋屋総本店）

　ブランド構築は、ネーミング、ロゴ、シンボルマークなど、オリジナリティのあるものを作成し、顧客に認識してもらい、やがては顧客に愛着を持ってもらうことで、商品に対する品質、信頼を保証するものとなっていく。そのための必要な要素は、①品質、②一貫した広告およびコミュニケーション活動、③流通量（distribution intensity）、④ブランド特性（brand personality：独特な雰囲気など）などである。ブランドが形成されるまでには相当長い時間がかかり、手間もお金もかかる。だからこそ、長期的視野に立って大局的に経営判断ができる老舗企業の多くに見られる創業家出身の経営者のほうが、ブランド戦略を構築する上では、サラリーマン社長よりも一般的には相応しいと思われる。

　前述のようにブランドの価値は、個人の主観的な要素に大きく左右されるが、社会的認知がなければそもそもブランドは成り立たない。高いブランド価値を確立した老舗の製品は、その知名度の高さから、テレビCMや新聞広告などのマーケティングコストをかける必要が次第になくなってくる。森進一が、おふくろさん騒動（ヒット曲「おふくろさん」の歌詞を作詞家の了承なしに変更しコンサートなどで歌っていて問題となった）の際、作詞家故川内康範に直接謝罪するために青森県八戸市にある川内の自宅に出向くが、その時に虎屋の羊羹を持参したことが、テレビで放映され、虎屋の羊羹はその存在感を改めて世間に示し、注目を集めた。

高級フルーツショップの草分け
〔千疋屋総本店〕

■□ 千疋屋総本店の概要

　株式会社千疋屋総本店(せんびきやそうほんてん)は、果物の販売、輸入を主な業とする小売業である。取扱商品は果物以外でも、ワイン、ジュース、洋菓子など幅広い。またフルーツパーラー、洋食レストランも経営する。1834年(天保5年)の創業以来、日本で最も有名な老舗の果物専門店といえる。従業員200名(パート含む)で本店は日本橋三井タワーの1、2階にある。販売されている果物、加工品の品質の高さは言うまでもないが、店構え、接客マナー、ホームページのデザインなど、すべてに洗練されており、ブランド戦略に一貫性を感じさせる。看板商品のマスクメロンをはじめ、千疋屋総本店は、果物のトップブランドとして顧客へ約束し続ける価値を「ワンランク上の豊かさ」と定めている。

●高級果物贈答品の代名詞"千疋屋"
　本社は日本橋三越本店をはじめ、数多くの老舗企業が存在する江戸の中心、東京都中央区日本橋室町にある。明治・大正より水菓子(くだもの)の贈答は「千疋屋」で購入するのが礼であり上等とされていた。現在でもこの点は変わらない。高級果物の贈答品の代名詞として千疋屋の名は広く知られている。
　果物は、季節の贈答品の他、そのカラフルな色合いと美しさからホテルなどで来賓を迎えるためのフルーツバスケットや、栄養バランスがよく調理をしなくても食することができることから見舞品としても

昔から使われる。

　千疋屋の果物を食べると果物本来の美味しさを実感できる半面、他の店の果物では物足りなくなってしまうとまでいわれる。なお2006年、提携して「銀座カクテル」を発売したのは「銀座千疋屋」であり、のれん分けした別法人である。同様にのれん分けをした会社には「京橋千疋屋」がある（「年表」p.116参照）。（他ののれん分けした店は、1939年：昭和14年に始まった第二次世界大戦の影響で閉店している）。したがって現在、首都圏にある「千疋屋」と名の付く店舗は、「千疋屋総本店」「京橋千疋屋」「銀座千疋屋」の本店かいずれかの支店である。他社で似たようなフルーツ販売の業態としては、「新宿高野」（創業1885年：明治18年、「高野商店」として創業）。「サン・フルーツ」（創業1925年：大正14年、「竹屋商店」として創業）、「渋谷西村總本店」（創業1910年：明治43年）などがある。

●進化するブランドとして新たなデザインを導入

　創業（1834年：天保5年）から、2012年で178年を迎える千疋屋総本店は、最近21世紀に進化するブランドとして、新たなデザインを導入した。"千疋屋"の持つ178年の経験と、そこから生み出される品質と信頼を基盤に、常に時代の流れに即応していく、洗練された"Sembikiya"への進化を目指している。新デザインでは、果物を中心とするナチュラルでフレッシュネスな印象をSembikiyaの頭文字である"S"と収穫の女神"デーメテール"のおだやかな横顔をモチーフに意匠化した。デーメテールは、手に麦の穂を持った収穫の女神である。その起源は、ギリシャ神話までさかのぼり、12星座のひとつである乙女座もこのデーメテールであるといわれている。千疋屋では、兼ねてからデーメテールをデザインモチーフに使用しており、今回の新デザイン開発では、これまでの印象を継承しながら、より女性的で洗練されたマークへとシンボライズしている。

2021年新しいシンボルマーク

●超一流品の果物

　日本橋本店にある38階建て大型複合オフィスビルである日本橋三井タワーを見てまず驚くのは、その荘厳な外観である。オフィス以外には外資系の高級ホテルであるマンダリンオリエンタル東京、三井記念美術館なども入居しており、華やかさと文化的な豊かさを感じさせる。

　1階の千疋屋総本店の店舗の中には、美しい最高級のブランド果物が綺麗に陳列されており、まるで高級ブティックのような様相だ。特に高価なものとして目につくのは、マスクメロン1個21,000円、瀬戸ジャイアンツというマスカットが1房12,000円、宮崎産完熟マンゴー13,650円などだ。これらの商品には保証書が同梱されており、食べ頃の日時を教えてくれると同時に、万が一不都合が生じたときは交換できるらしい。うっかり転んでマスクメロンを床に落としたらどうしようと、思わず店舗内での歩き方も慎重になる。

　野菜ソムリエで料理研究家の牛原琴愛先生によると、ネット系メロンは、成長過程で果肉が果皮よりも大きくなろうとして、その時に果皮がひび割れる。このひび割れをふさごうとしてできたコルク層がネットになるのだそうだ。「マスクメロン」は品種名ではなく、麝香

6章 ブランディング(千疋屋総本店)

の香りがする「musk」からきており、実際はアールス系メロンのことを指す。

メロンの産地で知られる静岡県では、アールス・フェボリットの優秀なものを「クラウンメロン」として流通させている。手作業で雌花に雄花の花粉をつけて交配させ、1本の木に約3個の実をならし、その後一番よい実をひとつだけ残して、後の実は摘果される。残った実は丁寧に管理され、交配日から約50日で収穫されるという。

千疋屋総本店の店舗には、マスクメロン以外にも魅力的な果物だらけだ。大きさも品質も最高級といわれるりんごの「世界一」、香川産の「クイーンストロベリー」、長崎産の完熟みかん「出島の華」、グザルカラーとネオマスカットの交配から誕生した皮ごと食べられる「瀬戸ジャイアンツ」、中国系キウィフルーツである「さぬきゴールド」(香

千疋屋日本橋本店、夜の景観

川産)、ポンカンに土佐文旦を接木して作出した「水晶文旦」や、その他、ラ・フランス、ル・レクチェ、グレープフルーツ、富有柿、あんぽ柿など、果物のオールスターキャストが一堂に勢揃いしており、見ているだけで楽しくなる。

　果物に興味のある方は、同社のホームページに掲載されている「果物辞典」が参考になる。季節感が感じられ香りもよく目でも楽しい果物は生でまるごと食べられるので、ビタミンやミネラルなどの栄養を損なわずに摂れる。また、疲れを癒すブドウ糖や果糖、クエン酸、余分な塩分を排出してくれるカリウム、肥満や便秘の予防に効果的な食物繊維が豊富に含まれているので、日本人はもっと意識して果物を食べるべきであろう。

　なお千疋屋総本店には、フルーツをふんだんに使用したゼリーやジュースなどの加工品、フルーツケーキなどの生菓子のコーナーもある。

●超高級でも予約待ちのお客様でいっぱいの"千疋屋フルーツパーラー"と、レストラン"DE'METER"

　同じ三井タワーの2階には千疋屋フルーツパーラーとレストランDE'METER（デーメテール）がある。フルーツパーラーでは、店舗でも販売している旬のフルーツを使ったフルーツサンド、パフェ、プリンアラモードなどのデザートを楽しむことができる。先に述べたクイーンストロベリーを使用した「クイーンストロベリーパフェ」は、かなり高めでランチが十分楽しめる値段だが、イチゴが旬なうちに一度は食べてみたい。

　千疋屋フルーツパーラーは「フルーツ食堂」からはじまり、その後のフルーツパーラー店のモデルとなった。千疋屋総本店に陳列してあるフルーツを思う存分味わってみたい場合は、日本橋本店2階のフルーツパーラーで開催される「世界のフルーツ食べ放題」に行ってみ

るとよい。インターネットか電話で申し込めるが、受付がスタートするとあっという間に満席になってしまうので、実際に味わうことができるのは早くても1ヵ月先である。

　一方、洋食レストランのDE'METER（デーメテールは、千疋屋のシンボルマークになっているギリシャ神話の「収穫の女神」）では、旬の素材やフルーツを使った華やかな洋食を楽しむことができる。DE'METERはフルーツパーラーの店舗の中を通った奥にあり、立派なシャンデリアの下で高級ホテルにいる雰囲気の中で食事を満喫できる空間になっている。

　同レストランで先日友人とランチをしたが、注文したオマール海老のボッシェや仔羊のステーキは実に美味しかった。また食後のコーヒーが運ばれてきたとき、友人の携帯電話が鳴った。友人は店舗の外に出てほんの数分で戻ってきたのだが、ウエイターは「温かいコーヒーをお持ちします」と、気持ちよくコーヒーを差し替えてくれたのには感動した。繊細な接客マナー、気配りがいき届いている。

■□ 千疋屋総本店の歴史

　同店の歴史は、江戸時代後期の1834年（天保5年）にまで遡る。千疋屋の創業者・大島弁蔵は、武蔵国埼玉郡千疋の郷（現在の埼玉県越谷市）で大島流槍術の道場を開いていた。道場主とはいえ、槍術を教えて生計を立てるのは、決して楽ではなかった。

　越谷は当時、畑作が盛んで、菜種や桃、梅などが数多く栽培されていた。中でも桃は、小金井の桜、杉田の梅とともに、江戸近郊の花見三ヵ所に並び称されていた。「越が谷へ桃喰ひに行くにつれも哉」は、無類の果物好きで知られる俳人、正岡子規が詠んだ句である。桃は観賞用のみならず、商品作物として広く栽培された。その他、米、麦、蓮根、くわいなどの野菜に加え、栗、まくわ瓜、スイカなどの果物も

産出していた。

● 新鮮さを保つための輸送に舟を利用

　弁蔵は、千疋村界隈で採れる農作物を船に乗せ、江戸へ運んで商売をすることを思いついた。幸いにも越谷は古利根川、元荒川に面し、広々とした河川敷に舟着き場が栄え、江戸への搬送路が確立されていた。夜のうちに千疋村を出発すれば、早朝には江戸に到着する。昼間に収穫された果物や野菜が、翌朝には江戸の人々の元に届くのである。船便ならば果物を傷つけることなく、大量に運ぶことが可能だ。こう考えた弁蔵は、船に果物や野菜を積み込み、江戸葺屋町（現在の日本橋人形町3丁目）まで運んだ。

　行き着いた先は、東堀留川に架かる親父橋。東堀留川は堀留川より分かれた堀で、全国から江戸に送られてくる物資の荷揚げ場となっていた。弁蔵は親父橋のたもとに露店を構え、「水くわし安うり処」の看板を掲げた。「水くわし」とは水菓子、すなわち果物のことである。この看板は古色のままに復元され、今なお日本橋本店で目にすることができる。弁蔵は出身地の名をとり、「千疋屋弁蔵」と名乗った。ここに今日の千疋屋が産声を上げたのである。1834年（天保5年）のことである。

● 外国産の果物も手掛け、高級品路線へ転換

　長く鎖国政策をしていた日本だが、2代目文蔵が継ぐ1858年（安政5年）、日米修好通商条約が締結されると、イギリス、フランス、オランダ、ロシアとも同様の条約を結んだ。開国とともに海外から品物が入るようになり、文蔵は舶来品を置くようにした。当時ではまだ珍しかった米国産や中国産のドライフルーツ、輸入品の缶詰、洋酒、果汁などである。庶民相手に商売をしていた初代のやり方とは異なり、文蔵は高級品路線への転換をもくろんでいた。客層の身分が高くなる

につれ、取り扱う果物もそれに見合うものにしていった。

　浅草の鰹節の大店「大清」の娘であり茶の湯の接待をしていた妻・むらの支えと人脈にも助けられ、幕末の志士たちが集まるような料亭にデザートとして果物を出したところ好評を得て、坂本龍馬や西郷隆盛をはじめ多くの著名人の愛顧を受けるようになった。特に西郷隆盛はスイカが好物だったようで、千疋屋の店頭によくきて「でっけぇスイカ持ってこうよ」と注文をしたという逸話が残っている。これが高級品を取り扱う転機となり、その後、徳川家御用商としての信頼を得て繁盛していった。

　1877年（明治10年）に3代目を継いだ代次郎（以降襲名）は、当時活気を帯びてきた現在本店のある日本橋本町（日本橋室町）に店舗を移転し、外国産の果物のみならず種子の輸入に力を入れ、りんご・さくらんぼ・夏みかん・マスクメロンなどの栽培を行い、我が国初の果物専門店を創立するなど、企業家として先見の明があったようである。

　4代目代次郎は3代目が温めていた構想を実現し、1925年（大正14年）にフルーツパーラーをはじめ、浅草、丸ノ内などにも大規模な直営店を開設した。また「千疋屋農場（現・世田谷区上馬）」を造り、多種多様な果物を栽培し更なる品種改良を目指した。そののち1938年（昭和13年）には株式会社へ改組し、4代目代次郎は社長に就任した。

　5代目（現・取締役会長大島代次郎）は関東各地に支店を次々と開き、幅広く食材を扱う総合食品業態へと移行させ、時代のニーズに応えた。その後、1998年（平成10年）に現社長の大島博が6代目の社長となり、現在に至っている。

千疋屋総本店の年表

1834年(天保5年)	武蔵国埼玉郡千疋の郷(現在の埼玉県越谷市)で大島流槍術の指南をしていた侍・大島弁蔵が江戸、葺屋町(現日本橋人形町3丁目)に「水菓子安うり処」の看板を掲げ、果物と野菜類を商う店を構える。
1864年(元治元年)	二代目文蔵が店を継ぎ、やがて徳川家御用商人となる。
1867年(慶応 3年)	三代目代次郎は日本橋本町(室町)に店を移し、後に当時としては最新式の洋館三階建の店舗を築いた。三代目は経営の近代化に心を砕き、外国産の果物を輸入したり国産果物の品質改良に力を入れ、我が国初の果物専門店の地位を築いて千疋屋総本店の基礎が出来あがった。
1881年(明治14年)	中橋店（現、京橋千疋屋）をのれん分け
1887年(明治20年)	四代目代次郎が生まれる。三代目代次郎はフルーツパーラーの前身となる果物食堂を創業する。
1894年(明治27年)	銀座店（現、銀座千疋屋）をのれん分け
1925年(大正14年)	銀座松屋にフルーツパーラー出店
1928年(昭和 3年)	浅草松屋にフルーツパーラー出店
1930年(昭和 5年)	海上ビル、伊東屋ビルに大規模なフルーツパーラー直営するも戦争で焼失
1938年(昭和13年)	株式会社に改組。四代目代次郎が社長に就任
1969年(昭和44年)	玉川高島屋店開設
1971年(昭和46年)	現本店ビル新築開設。株式会社デーメテール千疋屋を発足。フルーツパーラー＆レストラン、宴会場、製菓工場の経営により名実共に日本最大の総合果物店へと発展。
1978年(昭和53年)	柏高島屋店開設
1979年(昭和54年)	株式会社千商設立。ワイン、果物の瓶・缶詰めの輸入販売開始
1992年(平成 4年)	信濃町ステーションビル店（現アトレ）開設
1996年(平成 8年)	新宿高島屋店、池袋西武店開設
2002年(平成14年)	日本橋本店移転、仮本店での営業開始
2003年(平成15年)	浦和伊勢丹店パティスリー千疋屋開設
2004年(平成16年)	日本橋高島屋店フルーツパーラー開設。羽田空港第2旅客ターミナル店を開設
2005年(平成17年)	日本橋三井タワーに日本橋本店オープン
2006年(平成18年)	東京駅銘品館店開設
2007年(平成19年)	新宿伊勢丹店開設
2013年(平成25年)	KITTE丸の内店開設。新本社ビル竣工
2014年(平成26年)	銀座三越店開設。松屋銀座店開設
2015年(平成27年)	横浜高島屋店開設
2023年(令和 5年)	アトレ目黒店開設。麻布台ヒルズ店開設

(同社HPより抜粋・引用)

《千疋屋総本店》大島有志生(おおしまうしお) 常務取締役 企画・開発 部長インタビュー

　千疋屋総本店の大島有志生常務は1968年生まれ。慶應義塾大学商学部を卒業後、ゼネコン勤務を経て入社。事業開発、広報を主に担当している。現社長（6代目、大島博社長）とは従兄弟関係になる。

＊　　　＊　　　＊

——最初に貴社の理念やミッションについてお聞かせください。

　「安心で信頼される果物店」という素朴なものです。当社には日本に果物を食する文化を広めていくという使命があります。日本の果物は諸外国と比較すると値段が高く、誰にとっても身近な存在とはいえない面もありますね。しかし美味しいものは食べたいというのが人間の本能なので、果物本来の美味しさとその魅力を地道に伝えていく努力は様々な形で行っており、それが当社の社会的な役割です。

——家訓や信条のような代々受け継がれているものはあるのでしょうか。

　3代目社長代次郎が考案した店是「一　客、二　店、三　己」があります。まずお客様のニーズに対応した商品やサービスを提供しなさい、次に店の繁栄に取り組み、支えてくれている従業員を大切にしなさい、そして最後に自分のことですよ、という意味があります。また、大島家の家訓は、「勿奢（おごることなかれ）、勿焦（あせることなかれ）、勿欲張（よくばることなかれ）」です。これは当社の経営哲学の根底に流れているものです。このため景気の好不調など外部環境に一喜一憂することなく、顧客のために安定した事業を継続できていると思っています。

——貴社の経営状況についてお話いただけますか。

　全体的には安定していますが、売上構成を見ると、果物、加工品、レストランがそれぞれ3割くらいです。果物の割合が下がって、ケーキ、ジュースといった加工品の割合が増えています。日本全体の果物の消費量が低迷している状況ですが、これはあえていうなら最大の課題です。

——ライバル企業を挙げるとしたらどこになりますか。

　全くそのような意識はないですね。あえて言うなら、のれん分けをした京橋千疋屋と銀座千疋屋については、お互いに千疋屋というブランド価値の維持、向上のために切磋琢磨しなければいけない。そういう意味では、気にならなくはありません。

——先ほど店舗内を拝見させていただきましたが、どれも美しく果物の高級品が揃えてありますね。価格戦略についてお考えをお聞かせください。

　シンプルすぎる返答になってしまいますが、我々が適正と思った価格で、顧客も適正と考えている価格のマッチングしたところが販売価格と考えています。

——流通戦略については如何ですか。

　商圏や店舗数を増やすという計画は特にありません。一方、インターネットによる無店舗販売は初期の頃から取り組んでいます。楽天には最も早い時期から参加した100社のうちの一社であったと思いますよ。ネットでの販売は毎年増えています。また羽田空港にも店舗を出しています。羽田空港からは情報を全国に発信できるメリットがあります。また店舗は出していないものの仙台の藤崎百貨店など、地方を代表する百貨店はエリアにおける文化の発信地なので、「江戸老舗

祭り」といったような催事には出店するようにしています。

——老舗としてのブランド価値についてどのように考えられていますか。

　そう言っていただけること自体は有難いのですが、自ら老舗であると名乗ることではありません。お客様からそのように評価される企業でありたいと考えています。だからといって千疋屋の包装紙で売るような商売ではいけないと思っています。果物を食べて、これだけ美味しいのだから、きっと千疋屋のものではないか、と思ってもらえることが理想です。当社は基本的には製造業でもなければ卸売業でもない果物のセレクトショップです。したがって、大切な人に良いものを贈るという贈答品では、お中元、お歳暮ではおかげさまで好調な状態です。また「母の日」も大きなギフト市場になっています。

——テレビＣＭなど広告宣伝は何かされていますか。

　一切やっていません。創業以来一度もやっていないと思いますし、マスメディア広告をしないことがある意味では千疋屋の特徴かもしれません。もちろん、老舗という評価をいただいているので雑誌やテレビなどのメディアの取材を受けることはよくありますが、不特定のマスに対して広告費を投入する意思はありません。元来、経営スタイルとしては、急激な規模の拡大をしない商売をずっと貫いています。

——安定的に高品質の果物を提供できるのはなぜでしょうか。

　意外に思われるかもしれませんが、当社は特定の農家だけと中長期的な専属契約をしているわけではありません。果物は生物なので、その年、その季節によって収穫量も果物の品質も異なります。ある年に良い品質の果物を生産できたからといって、次の年もそうなる保証は全くないのです。顧客に品質を保証するためには、特定の農園からの購入を前提とした長期的な契約はあまり馴染まないのです。

——では次に事業を支える人材、つまり人事面について伺いたいと思います。従業員の採用基準は何でしょうか。

　接客業である以上、明るく顧客とコミュニケーションがとれることが必要条件です。もちろん果物が大好きで、情熱を持って一緒に働いていただける方なら、男女、出身地など問わず歓迎です。

——大卒の採用はありますか。

　はい、10人程度定期採用しています。もっとも、この数年のことで以前なら考えられませんでした。

——従業員教育はどのようにされていますか。

　小さな会社なので特別なことをしているわけではありません。基本はOJTで1年くらいのサイクルで店舗を回っています。

——海外での事業展開はされていますか。

　ほとんどやっていません。ただし国際的に商標権を取得あるいは維持するために未使用な状態が数年続くと無効になってしまうので、シンガポールやバンコクで開催される伊勢丹のフェアなどには出店しています。ただし、そうした活動は、営業的には黒字になるものではありません。

——現状および今後の経営課題は何ですか。

　お客様の中心が50代、60代で高齢化が進んでおり、若年層に対するコミュニケーションが不足していました。「千疋屋」の「疋」という漢字を読めない人も最近は増えてきています。このままでは先細りになってしまうので、お客様の年齢層を下げるためにジュース、スゥイーツなどを販売する店舗の出店や、品揃えを増やしメイン顧客層の年齢を下げるようにしています。今は1個1万円以上のマスクメロン

がたくさん売れるような時代ではないので、1セット5,000円のゼリー詰め合わせや3,000円のジュースセットなどを販売し選択肢を広げています。そのため売上高は確保できています。

　しかし千疋屋は果物専門店ですので、果物の販売が事業のコアであることには変わりませんし、この基本軸はこれからも不変です。果物のプロモーション活動として、千疋屋のフルーツを好きなだけ食べられるフルーツバイキングも実施しています。若い女性には特に人気があり、1ヵ月先まで満席の状態です。さほど利益が出る企画ではありませんが、お客様に千疋屋のフルーツの味を知っていただき満足いただければと思っています。

——貴社では「顧客満足」とはどのように考えられていますか。

　当社では顧客満足とはそのときに美味しかったと思っていただけるだけでなく、他人に薦めてくれることと定義しています。1回のお客様を大切にしてご満足いただき、そのことで家族、友人、職場の仲間などに勧めていただければとても有難いです。

★取材を終えて─────────────────────
　一年中口にすることのできる果物は多いが、やはり早春のイチゴ、初夏のサクランボ、夏のジューシーな桃、秋を感じさせてくれる柿、真冬のミカン、それぞれお似合いの季節がある。旬の果物はたくさん出回り、栄養価が高く、比較的安価に手に入るという嬉しいことばかりだ。四季に恵まれた日本では果物の種類も実に豊富であり、果物を食べることで健康を維持することが日本人の食生活に合っている。果物の美味しさと豊富さを気付かせてくれるのが、千疋屋総本店である。

　『ステーキ！　世界一の牛肉を探す旅』の著者であるマーク・シャッカーは同書の中で、千疋屋について次のように述べている。

　「たとえば、世界で一番高い果物を売る千疋屋に並ぶ展示品は、あ

くまで完璧でシミひとつ許されない。洋梨、ミカン、リンゴを手に取って見ると、どれも完全無欠すぎて作り物かと思うほど。静岡産のマスクメロンは、二つで僕の滞在していたホテルの宿泊費二泊分より高い。〈中略〉僕が買った一番安い三ドルのミカンは、デジタル処理済みのグルメ雑誌の表紙からもぎ取ったみたいに美しかった（後でホテルに戻って指で皮に穴を開けると、またたく間に部屋中にミカンの香りが広がった。房に分けて口に放り込むと、甘みと酸味のバランスが絶妙で、はじけるようにジューシーだった）。」

　ブドウやイチゴ、梨やリンゴといっても、それぞれにたくさんの品種があるのが、同店を見れば果物の奥深さを実感できる。ブドウなら「安芸クイーン」や「ピオーネ」、「ロザリオビアンコ」など、産地を確認しながら、色や形を五感を使って食べ比べたりしながら、自分のお好みのブドウを知るのも、果物の楽しみ方のひとつであろう。千疋屋に足を運ぶとたくさんの品種や珍しい果物などがそろっているので、果物好きの方は是非お勧めしたい。

　一人一日 200g 以上の果物摂取を推進する「毎日くだもの 200 グラム運動」もあり、果物には健康維持に欠かせない栄養素がたくさん含まれている。各種ビタミンに加え、ミネラル、食物繊維、最近では健康維持に効果が期待されているポリフェノールなどの機能性成分も注目されているので、ダイエットにはぴったりである。

〔引用・参考資料〕
- 千疋屋総本店ホームページ　https://www.sembikiya.co.jp/
- 「100 年続く老舗から直接学ぼう！」(TOMA)
- 「サムライ弁蔵水くわし売り出し百七十五年」千疋屋総本店史
- NPO 法人東京中央ネット 2004 年 6 月　今月の顔　大島博
- 「マーケティング・エッセンス」産業能率大学（通信教育用テキスト）
- 『ステーキ！　世界一の牛肉を探す旅』マーク・シャツカー／野口深雪訳（中央公論新社）2011 年
- "A Preface to Marketing Management" J. Paul Peter, James H. Donnelly, JR.

7章　ジングル(文明堂)

"ジングル" 戦略とは

　販売推進のための企業のイメージ戦略では、ジングル（jingle）が使われることが多い。ジングルとは、チリンチリンといった鈴などの英語での擬音語で、同じ言葉の繰り返しである。主にラジオやテレビにおいてコマーシャルの開始や終了、または楽曲の切り替わりなど、番組の節目に挿入される短い音楽として使用される。放送局によって呼び方が異なり、（サウンド）ステッカー（TBSラジオ）、アタック（文化放送）ということもある。多くの場合、放送局名や番組名などの告知とともに流される。テレビ・ラジオなどのCMのBGMに使われる音楽のうち、タイアップ効果によるCDの販売促進を兼ねて使用される歌手の楽曲を除いたCMのためだけに作られた短い楽曲も指す。

　この場合、前者は「タイアップ曲」と呼ばれ、後者は「ジングル」よりも「CMソング」と呼んで区別されるのが一般的である。CMソングはインストゥルメンタルの曲、歌有りの曲の両方を指す。歌の場合、CMの企業名や商品名が入る場合が多い。また、当初の予定にはなかったものの、視聴者の要望で後にCD化されるケースもある。その際、CMで使用される段階では数秒間しかなかった曲に、CD化に見合う充分な長さの曲・歌詞が後付けされる。

　他のブランド構築の要素と異なり、間接的かつ抽象的にしか商品の意味を伝達しないジングルによる潜在的な連想は、フィーリング、パーソナリティ、また抽象的概念に関連している。この観点から、ジングルはブランド認知を高める意味で、最も有益な要素といえる。広告宣伝の中にジングルにより、おもしろくかつ巧みにブランドネームやメッセージを繰り返すことで、顧客の意識の中にブランドを深く根付かせることができる。

"ジングル" の効用〜つい口ずさんでしまう

　本書で取り上げる文明堂の「カステラ一番、電話は二番、三時のお

やつは文明堂」は、ジングルの典型例であろう。宮城大学の学生にジングルで思い浮かぶものを聞いたところ、「セブンイレブンいい気分」（セブン‐イレブン）、「街のホットステーション」（ローソン）、「あなたと、コンビに、ファミリーマート」（ファミリーマート）など、コンビニエンスストアのイメージが強かった。その他では、「チョコレートは明治」（明治製菓）、「お口の恋人」（ロッテ）、「やめられないとまらないかっぱえびせん」（カルビー）、「亀田のあられ、おせんべい」（亀田製菓）などが思い浮かぶ。

筆者が子供の頃は、読売巨人軍の王貞治選手をCMに起用した「ナボナはお菓子のホームラン王です」（亀屋万年堂）も印象深い。また昭和40年代、横浜駅前にあった崎陽軒（シューマイ製造）のガラス張りの製造工程をくいいるように眺めていたことを思い出す。「美味しいシューマイ、崎陽軒」というメロディーは今でもCMで流れている。

長崎銘菓を全国銘菓に
〔文明堂東京〕

● カステラの由来

　文明堂はカステラの売上規模全国一位を誇る和菓子製造販売の老舗である。主力製品は、カステラ、三笠山、カステラ巻。カステラは元来「スペインのカスチラ（castilla）王国のお菓子」という意味で、"カステラ"と呼ばれるようになったといわれている。また、カステラに似た菓子として、スペインのビスコチョ（biscocho）やポルトガルのパンデロー（pao-de-lo）があり、これらがカステラの原型となったといわれている。

　カステラは、室町時代の末期、南蛮船により鉄砲やキリスト教とともに日本にもたらされた。南蛮渡来の品々は、織田信長や豊臣秀吉などに大いに歓迎された。テンプラ・タバコ・カボチャなど、今ではすっかり日本語になっている南蛮語が沢山ある。豊臣秀吉は、長崎代官の村山等安からカステラを献上され、大いに喜んだとの逸話が残っている。もしそれが事実なら、秀吉もカステラを食べていたことになる。

　江戸時代、海外貿易は長崎出島に限られていたが、カステラは長崎で作られ続け、次第に今のような味・形になってきた。また、カステラは江戸でも作られ、江戸市民にも親しまれていたようだ。幕府が京都の勅使を接待する際に、カステラが出されていたとの記録がある。明治時代に入り文明開化を迎えると、現在とほぼ同じカステラが作られるようになってきた。そして1900年（明治33年）、中川安五郎が長崎丸山の地に「文明堂」を創業した。

　明治から大正時代、カステラは文学者たちにも大いにもてはやされ

るようになる。西条八十、北原白秋、芥川龍之介、幸田露伴など、多くの作家の作品にカステラが登場している。戦後は、「カステラ一番、電話は二番」のフレーズとともに、長崎銘菓であった文明堂のカステラは、全国へと急速に普及していく。今でもお年寄りへのお土産には、堅いお煎餅よりも栄養がある柔らかいカステラが喜ばれる。子供の頃、カステラをもらうと大喜びをして、下紙に残ったザラメを舐めていたことを思い出す人も多いであろう。

●クマの操り人形カンカンダンスのテレビCMの誕生

　文明堂は、カンカンダンスを踊るクマの操り人形のテレビCMや、そのCMで流れるジャック・オッフェンバックのオペレッタ「地獄のオルフェ（邦題「天国と地獄」）」の序曲にのせたひばり児童合唱団よる「カステラ一番、電話は二番、三時のおやつは文明堂」というCMソングが東日本では特に有名である。

　このCMは首都圏の文明堂数社が1960年代初頭から共同で放送しているが、文明堂東京のホームページから閲覧することが可能である。マリオネットを操っているのは、オーストラリアから来たノーマン・バーグ、ナンシー・バーグ夫妻で、80年代の文明堂のCMでは素顔を出している。このクマの人形は夫人の手作りで、クマの割には尻尾が長めに設定されている。これは、欧米で人気のあった猫のキャンキャンキャットを想定して作ったためであり、後で会社の意向によりクマに変更されたときの名残らしい。

　人形が歌う「電話は二番」というフレーズだが、これは、文明堂の市内局番の次が0002番だからで、当時の電話交換機は交換台を経由する時代であったため、交換手に局の名前と2番と告げれば文明堂に繋げたことから1937年（昭和12年）に文明堂が電話帳の裏表紙全体に載せていた「カステラは一番、電話は二番」というキャッチフレーズに由来する。

文明堂は現在でも市内局番の次を0002番にしたり、20番、222番など、電話番号に2を入れる傾向がある。なお、文明堂東京本店の電話番号は、03-3241-0002であり、その他の店舗も2番が多い。
　文明堂のテレビCMは、NHK「私の秘密」に出演したオーストラリアのマリオネットショウのノーマン＆ナンシーのバーグ夫妻制作による動物のカンカンラインダンス を文明堂CMとして起用したのがはじまりであるが、当時の世相は、1964年東京オリンピック開催時期であり、各家庭へのテレビ普及が一気に広がったのもこの年である。仔グマのカンカンダンス第2弾のときは、バーグ夫妻の来日も二度目になった。仔グマの色はベージュとグレー、リボンはピンク。思わず抱き上げてみたくなる愛くるしさが売りである。40年間衰えることのない人気のカンカンダンスシリーズは、文明堂のシンボル的存在である。

■□ 文明堂の沿革

　文明堂は1900年（明治33年）に長崎で中川安五郎が創業し、実弟の宮崎甚左衛門が東京に進出を果たした。製造革新と斬新な販売、広告によって全国的に知られるカステラのトップブランドとなったが、実は、複数の「文明堂」を冠する企業がある。
　1900年長崎市丸山町72番地での創業後、1922年（大正11年）に東京上野黒門町に店舗を建て（1923年の関東大震災で焼失し、麻布に移転）、東京に進出、その後、新宿店、銀座店、日本橋店、神戸店、横浜店などを開店。しかし、第二次世界大戦中は空襲による店舗焼失や、原材料の調達ができないなどにより経営が一時中断される。戦後、順調に規模を拡大し、それぞれが法人として運営されるようになる。
　一般的にはあまり知られていないが、現在でも、元は同じ長崎の文明堂であるが、別々の会社である。文明堂は、会社ごとに別のカステ

1930年代の文明堂新宿本店

ラを扱っていたり、味が違うという点も特徴的であり、その特徴ゆえに、会社を間違えて、欲しいカステラが買えなかったという話もたまに存在する。

とはいえ、これらの企業は創業を1900年、初代を中川安五郎としており、テレビCMも東日本では共同で放映している。このため、ここでも元は同じであることが伺い知れる。

統一のブランドマネジメントにより多様化する顧客ニーズに対応するため、文明堂日本橋店と文明堂新宿店は2010年10月に合併して株式会社文明堂東京が設立された。

●文明堂東京の「経営理念」と「行動指針」
〔経営理念〕
一、社会への貢献
一、顧客からの信頼

一、最高の品質、最高のサービス
一、たゆまぬ革新と前進
一、人々の幸福の追求

〔行動指針〕
最良の原材料を使い、
最高の技術をもって、
最高の品質の商品をつくり、
販売員の真心のサービスを添えてお客様に提供し、
良心的価格を守り、
お客様を一回限りのお客様にしない。

文明堂東京の会社データ（2024年8月現在）

社　名	株式会社文明堂東京
本　社	〒160-0022　東京都新宿区新宿1丁目17番11号
電話番号	0120-400-002（お客様相談室）
創　業	1900年（明治33年）
代表取締役社長	宮﨑進司
事業内容	カステラ・三笠山などの菓子製造販売
製造拠点	浦和工場、村山工場
店　舗	全国有名百貨店、スーパーなど

（同社HPより引用）

7章 ジングル（文明堂）

文明堂の年表

天文年間	スペインよりポルトガル船で長崎の地にカステラ伝来する
1900年(明治33年)	中川安五郎、長崎丸山町にて文明堂創業
1914年(大正 3年)	東京で開かれた大正博覧会でカステラの出張実演販売を行う
1922年(大正11年)	安五郎の実弟宮﨑甚左衛門東京進出、上野黒門町に東京一号店を出店（東京文明堂 創立）
1923年(大正12年)	関東大震災により店舗焼失、一時長崎へ帰るが再び上京し麻布箪笥町に出店 炭焼釜、ガス釜に代わる電気釜を開発
1924年(大正13年)	全国初となるカステラ実演、カステラの2割増量（オマケ）を始める
1925年(大正14年)	宮内省（現宮内庁）御用達を賜る
1933年(昭和 8年)	文明堂新宿店設立
1935年(昭和10年)	電話帳の裏表紙全体に「カステラは一番、電話は二番」と大きく宣伝を出す
1941年(昭和16年)	物資不足でオマケ中止
1945年(昭和20年)	東京大空襲で店舗焼失
1950年(昭和25年)	カステラの製造、三笠山の実演販売を再開
1951年(昭和26年)	文明堂日本橋店設立
1953年(昭和28年)	勝どき工場操業開始
1957年(昭和32年)	テレビコマーシャル開始
1961年(昭和36年)	新宿花園工場操業開始
1970年(昭和45年)	浦和工場操業開始
1974年(昭和49年)	東京武蔵村山工場操業開始
2000年(平成12年)	文明堂創立100周年を迎える
2010年(平成22年)	㈱文明堂新宿店・㈱文明堂日本橋店が合併し、株式会社文明堂東京設立
2014年(平成26年)	㈱文明堂銀座店・文明堂製菓㈱が合併 ㈱文明堂東京・㈱文明堂銀座店がグループ化
2019年(令和元年)	さいたまあおぞら工房開設
2022年(令和 4年)	東京進出100周年を迎える

（同社HPより抜粋・引用）

《文明堂東京》 広報担当 インタビュー

——カステラの市場規模は、どのようなものなのでしょうか。

　正確にはわからないのですが、総務省のデータから推計すると、市場規模は400億円前後と考えられます。当社の主力は、カステラ、三笠山、カステラ巻であり、売上の約65％を占めています。今年の夏は猛暑だったので、カステラ・三笠山は暑さに弱く、たいへんでした。

——カステラはどんな場面で食されることが多いのでしょうか。

　カステラは消化がよく、栄養バランスもよい食べ物です。ですので、お見舞いに使われたりします。またミルクとカステラは栄養バランスがよく、ジョギングの前には特にお薦めです。100キロマラソンの補給所などに置いてあることもあります。贈答用、ご進物、法人需要が減る一方で、自分で食べる個人利用が増えていると考えられます。

——クマのカンカンダンス以外にテレビCMはやっていますか。

　現在はやっていません。食品の老舗でテレビCMをやっているところはむしろ少ないでしょう。マスメディアの広告戦略は、あまりなじまない商品と考えています。

——では次に貴社の企業理念についてお聞かせください。

　基本的には経営理念、行動指針の内容です。お客様の目線に立つということも非常に大事だと考えています。

——貴社は顧客あるいは社会からどのような会社であると思われたいでしょうか。

　食品会社なら製品が美味しいのは当たり前ですが、"役に立つ"と

思われたいですね。お客様の役に立つ会社であるなら、これからも永続できるはずです。

——では、企業理念を実現する上でどのような活動をされていますか。
　ご存じのように、文明堂はいくつかの会社にのれん分けされていますが、創業家が同じなので、共通の理念のもと活動していきたいと考えています。

——貴社の販売推進に関する考え方はどのようなものなのでしょうか。
　カステラは当初は長崎の地方菓子でしたが、宮﨑甚左衛門が東京に出てきてから、販路をどんどん広げ、全国的な菓子として広く認知されるようになりました。これは文明堂の社会的な貢献であると思っています。しかし一方で、ナショナルブランドとして幅広く認知され、また全国の多くの店舗で取り扱っていただいているため、ブランドとしての希少性はむしろ薄れてしまっていることが懸念されます。

——製品戦略については如何でしょうか。
　最近では、個食化が進んでいるので、従来のように皆で切り分ける長方形である必要がなくなってきました。また日本は四季が豊かな国なので、季節感を大切に表現していきたいですね。四季を感じてもらえるような商品を出していきたいです。また、日本古来の物を贈る習慣、たとえば「長寿の祝い」などを演出していきたいと思っています。

——貴社が長年、事業を継続できた要因は何でしょうか。
　それは文明堂の知名度、品質を大切にしてきた顧客からの信頼であると思います。

――従業員を採用する基準で最も重視していることは何ですか。

経営理念を理解し、お客様の立場で考えることができる人ですね。接客業という面も持っていることから笑顔も重視しています。

――新卒の採用は何人くらいでしょう？

従業員は全部でパートを含め約1000名くらいですが、新卒は10名〜20名前後の予定です。

――従業員教育ではどのようなことをされているのでしょうか。

文明堂の歴史や、接客のロールプレイなのですが、日本の文化に関する教育を重視しています。なぜなら当社では、贈答用のお客様から、「のし」は何をどのような場面で使用したらよいのかという質問を頻繁に受けます。ですから、そのあたりの基本的な事項は即答できるようにしておく必要があるのです。どんなときに「志」を使うのかというようなことです。また、お節句の由来など、古くから伝えられている年中行事についても知っていなくてはなりません。

――貴社は現在、グローバルな事業展開をされていますか。

基本的には行っていません。以前ハワイでも販売したことはありますが、今はやっていません。賞味期限が限られているので、現地生産をしないと難しい商材です。いずれは世界に日本で育ったカステラ文化を伝えていきたいとは思っていますし、世界の誰にでも美味しく食べられる製品であると考えています。

――貴社が現在行っている社会貢献活動についてお聞かせください。

神田明神祭りの休憩所が当社の本店前ということもあり、弊社の菓子を提供しています。また、老舗めぐりツアーの経路のひとつになっていて、ツアーに参加されているお客様にカステラのVTRを見なが

らくつろいでいただいています。

――老舗企業としての要諦は何でしょうか。

変えてよいものと変えてはならないものの峻別、核となるものは何かの判断であると思います。

――最後に今後の課題についてお聞かせください。

単なる売上の拡大よりも、会社としては収益性の確保とブランドイメージの維持・向上です。

★取材を終えて

　文明堂は子供の頃からもっとも親しんでいる老舗企業のひとつである。お正月になると親戚の家に持参する我が家の手土産は、いつも文明堂のカステラであった。文明堂の主力製品は、カステラの他にカステラ巻と、あんこをしっとり、ふんわりした生地で包んだ三笠山である。

　文明堂がのれん分けで、いくつかの会社が別会社となっており、パッケージも味も異なることを知ったのは最近のことであるし、一般的には知られていないであろう。

　カステラといえば長崎だが、長崎には文明堂、福砂屋以外にもいくつか地元のカステラ製造業がある。しかし、何といってもカステラを日本の食文化に広めた最大の功績者は文明堂であり、会社が異なっても全国どこでも食べられるナショナルブランドとして、今後も品質の維持に努めてくれることを期待したい。

〔参考資料〕
・文明堂東京ホームページ　https://www.bunmeido.co.jp/
・「マーケティング戦略」産業能率大学（通信教育用テキスト）

8章　伝統の継承と進化（佐藤養助商店）

企業は良き企業市民（good corporate citizen）として地域社会の経済的、社会的向上に積極的に貢献することが期待されているが、老舗企業の多くがそれを実践している。企業が成功するためには、地域コミュニティや従業員を含めた利害関係者（stakeholders）との間の緊密かつ不断のコミュニケーション活動が大切である。したがって、良き企業市民活動は、単なる慈善活動ではなく、社会との連帯活動であり、他に参加し他の参加を得るための活動であり、社会のネットワークの中に自らを位置づける戦略的投資でもある。したがって、企業市民活動は、常にトップマネジメントが直轄し、その経営理念を反映して、実行されていく必要がある。

戦略的な CSR 活動とは
　戦略論の第一人者、ハーバード大学ビジネススクール教授のマイケル・ポーターは、企業は社会貢献活動と事業戦略を一体化することで、新たな競争上の優位を手に入れることができるという。ポーターは、企業の成長と社会貢献活動は車の両輪と説く。社会のあらゆる問題を解決し、すべての人々を幸福にできる会社などは存在しない。企業があらゆる社会運動をサポートしようとしても効果的ではなく、継続することは不可能で感謝されることはない。企業が社会貢献を持続的にできるのは、企業が事業活動に密接な関連のある分野である。なぜなら、それらの分野に関する技術や人材が企業の中にすでに蓄積されているからである。つまり自社の能力を活用し、地域にとっても重要な領域を改善することが戦略的な CSR（Corporate Social Responsibility）活動である。

　社会貢献活動で企業に期待されているのは、提供したお金の多寡ではなく、達成した成果である。この成果を測定するには少なくとも 10 年単位の歳月がかかる。会社は自社がどのような会社なのかを地域の中で一貫したイメージを築き信頼を得なければならない。競争上

の優位性は、地域の特性を活用することによって獲得できることが多い。

CSR活動の具体的な活動内容としては、以下の5つに分類できる。

5つのCSR活動

①コーポレイト・フィランソロピー (corporate philanthropy)

　企業が主体的に行う社会貢献活動。寄付（金銭）やイベント、各種事業や活動組織に資金援助をすることによって地域社会に貢献する方法である。

②現物寄付

　企業が公共団体あるいは地域社会の非営利機関・団体や非営利目的の事業に現物を供与して貢献する方法。具体的には、次のようなものがある。

- **製品の提供**（例：地元の小学校に自社製品を無償で提供する）
- **サービスの提供**（電話・FAXの通信、コンピュータ処理、印刷、メールなどの作業受託）
- **専門技術の提供**（事業運営、財務分析、不動産開発、データベースの管理など）
- **人的資源の供与**（従業員に勤務時間内の社外奉仕活動を許可したり奨励する）

③企業のリーダーシップと信用度の活用

　企業の社会的な信用を活かして、地域社会が企図する貢献事業を支援し、その目的達成に寄与する。またその影響力を行使して、他の企業や政府・行政あるいはコミュニティ自体に社会的問題との取り組みをリードする。さらに企業トップがオピニオンリーダーとして、コミュニティの諸活動を牽引する。

④**人的資源政策の推進**

　自社の人的資源の政策（高齢者、身障者の積極的雇用など）の確立と、それを通したコミュニティの社会的向上を推進する。また、従業員用の保育・保育施設の開放。社内教育システムを地域の公的学校や成人・生涯教育に提供する。

⑤**対外業務政策の展開**

　通常のビジネスに際して、地域社会の利益を配慮する。たとえば、原料・資材・部品などの現地調達、地元銀行との取引、地域産業への投資、地域債の購入、地域開発事業への参加など。

　企業が意思決定をする際、企業市民としてその活動の倫理的関わり合い（ethical implications）は、極めて重要である。具体的にはコミュニティの教育・文化の支援、治安、社会福祉の援助などのフィランソロピー活動を行うだけでなく、その企業が従業員（地域住民の一部）をいかに雇用し、教育訓練し、処遇するか、また下請企業（地場産業）をいかに育成し、原材料をどれほど調達し、あるいはどんな新事業（地域経済）に投資するかという本来の業務やビジネスを含めて、影響力を行使することが含まれる。

　秋田県湯沢市稲庭町にある佐藤養助商店は、稲庭うどん[1]製造のリーダー的企業である。労働力を地元の地域社会に依存しているが、地元の活性化をはかることで地域経済に貢献し稲庭地方の発展に貢献している。この結果は、佐藤養助商店と地元の双方が得をするWIN-WINの関係をもたらしている。

稲庭うどんの老舗
〔佐藤養助商店〕

■□ 佐藤養助商店の概要

　有限会社佐藤養助商店(さとうようすけしょうてん)は、2010年、創業150周年という節目を迎えた稲庭うどんの老舗である。本社は秋田県湯沢市稲庭町[2]にある。稲庭うどんは、秋田県南部の手延べ製法の干しうどんで、細い麺線からは想像できない程のコシの強さと独特の光沢、つるりと喉もとを滑る食感は、さっぱりした後味で腹にたまらないのでお酒との相性も良い。

　同社は、うどんの「進化と継承」を掲げ、守るべきことは守りながら、一方では総本店の開店や福岡天神、東京銀座への直営店出店など、稲庭うどんの普及に努めている。情報発信に力を注ぎ、地元の人々との交流や秋田の四季折々の食材、地域の行事など全国に知ってもらうため、「いなにわブログ」をホームページで発信している。また今後の海外への販路拡大の弾みとなる香港、マカオでの業務提携を結んだ店舗出店も実現するなど、海外事業も展開している。

●工場見学、うどん作り体験コースの実施で地場産業理解に貢献

　佐藤養助総本店の店舗内には、レストラン、売店の他、宮内省(現・宮内庁)からの注文など、同社の長い歴史を示す資料が展示されている。同社が飲食店を開店した1986年(昭和61年)までは、稲庭の特産品にもかかわらず、稲庭うどんを食べさせる店が稲庭町には一軒もなかった。現在では、マイカーや観光バスで多くの観光客が同店に足

稲庭うどんのうどん作り体験コース

を運び、稲庭うどんをその場で味わうことができる。また店舗内には、うどん作りの製造工場見学コースや、実際にうどん作りが体験できるコースがある。

　製造工場見学コースは、①手で生地を練り、熟成後の生地を台の上でのばして、同じ幅に切り、角をとるように転がし、ひも状にして、桶に渦巻状に入れていく「練り、小巻き」、②ひも状の生地を両手でさすりながら、均等の太さにして２本の棒にあやがけし、熟成後、つぶしに入る「手綯い、つぶし」、③うどんを手でさすりながら、均等に延ばしていき、その後、うどんの状態を見ながら乾燥に入る「延ばし、乾燥」、④裁断したうどんを一本一本、目と手で確認し、均一に茹で上がるように、丁寧に手作業で選別する「選別」の工程を見学することができる。

　これを見れば、本当にすべての工程が手作業で行われていることを実感することができる。また、事前予約が必要だが、製造体験コースと製造・調理体験コースもあり、地元の小学生、中学生、高校生、婦人会などを中心にうどん作りを体験学習でき、地場産業の理解に大いに役立っている。

●「一子相伝」の技と心

　150周年という節目を迎え、同社が考えることは「原点」である。「原点＝人づくり」をしっかり行いたいと考えているという。原点に立ち返ることにより、単なるモノづくりではなく、「お客様に感動していただけるうどん」を作り続けることができるからで、それが稲庭うどんの真髄の理解へとつながる。

　これまで名声を得ながら一般に出回らなかったのは、昔ながらの家内工業の手作り製法で量産ができなかったためである。7代目佐藤養助が秘伝の製法を公開して企業化に踏み切ったのは、1972年（昭和47年）のことである。この背景には、地場産業を育成して出稼ぎを解消することがあった。7代目は、人材を育てられない企業は発展しないと考えた。人材の育成は稲庭うどん業界全体における品質の安定と向上の課題である。ゆえに「人づくり」が改めて大切になる。人の手で作ることにこだわる同社の思いと稲庭うどんの真髄「一子相伝」[3]の技と心を次世代にもしっかり伝え、新たな歴史を着実に刻んでいるといえよう。

●喉越し滑らかなうどん～職人の勘と経験による丹念な練り上げ

　喉越しが滑らかな「稲庭干饂飩（いなにわほしうどん）」をつくり出すためには、うどんの主体となる小麦粉の質が重要である。研究を重ねた結果、うどんづくりに最適な現在の専用粉にたどりついた。清く澄んだ水と塩でつくられた塩水、そして専用粉をてのひらで繰り返し練り続け、粉から徐々に団子状にまとめる。そして一旦寝かされて熟成の時を過ごした後、さらに何度も練り続け生地をつくり上げていくのだ。

　こうして丹念に練り上げていくと、機械練りでは不可能な空気穴をたくさん含むうどんができる。この気泡は、ゆでた後も長時間にわたって保たれることが、秋田県総合食品研究所の研究によってわかり、これこそがコシの強さを生む一因と考えられると発表されている。

佐藤養助商店本店（秋田県湯沢市稲庭町）

　同店ではその日の天候や湿度により乾燥時間を微妙に変えている。それは熟練職人の永年の勘による。ほんのわずかな湿度や時間の差でも、でき上がりのうどんの味を左右してしまうという。天候によって塩分や水の量を決める必要があり、職人の勘と経験がものをいう。生地の水分量は多加水で、触ると耳たぶくらいの柔らかさである。

　佐藤養助「稲庭干饂飩」は、日本経済新聞の「NIKKEIプラス1」(2010年8月14日掲載）の「夏に食べたい冷やしめん」でランキング1位に選ばれた。インスタント食品が幅をきかせるようになった反面、プチ贅沢をしたい人や「ホンモノ志向」の人が最近増えている。うどんの中でも稲庭うどんは高級品として位置づけられているが、「うまいものは売れる」というのが同社の考えである。

　同社の稲庭うどんは、小麦粉、塩、水だけでつくられるが、ツヤのある乳白色に茹で上がるうどんは、コシが強く、のどごしが良い食感に特長がある。職人が空気を抱き込むように生地を練ることで、小麦粉の粘りを引き出し、めん内部の微細な気泡がクッションの役割を果たし、コシが強く弾むような食感に仕上がるといわれている。

また同社はテレビのグルメ番組、旅番組などで紹介されることが多く、韓国ドラマの『アイリス』では、同社の資料館で主演のイ・ビョンホンとキム・テヒが、「二味せいろ」(醤油味と胡麻だれ味で味わう稲庭うどんのメニュー)を食べるシーンが撮影された。

■□ 佐藤養助商店の沿革

　稲庭饂飩の原型が稲庭に伝わり、同家の宗家である稲庭(佐藤)吉左エ門によってその技術が受け継がれ、研究と改良が重ねられ製法が確立したのは1665年(寛文5年)といわれている。製造工程は、食用植物油を使用せず打ち粉としてでん粉を使う点や、乾燥前につぶすことによる平べったい形状に特徴がある。麺は気泡により中空になっており、そのために食感は滑らかだ。

　秋田藩主佐竹侯の御用処となった干饂飩の技法は、吉左エ門家の一子相伝、門外不出であった。しかし親から子へ、子から孫へ一子相伝の技が絶えることを心配した吉左エ門が特別に2代目佐藤養助に伝授され、同社の創業となる。1860年(万延元年)江戸末期のことであった。

　明治に入り宮内省(現・宮内庁)から御買上げの栄を賜る他、多くの賞を受賞している。同店が県内産の他の品々に先がけて宮内省との関係ができたのは、3代目が、当時の元老院議長にして日本赤十字社の創始者である佐野常民と交流したことに始まる。そして、内国勧業博覧会に出品して以来、宮内省御買上げとなった。1897年(明治30年)には、パリ世界博覧会に出品した。この時期にはすでに稲庭うどんは、高級品として高い評価を受けていた。

　以降、歴代の養助によって受け継がれたその技は、変わらぬ本物の味を今へと伝えている。文豪谷崎潤一郎も、稲庭うどんを好んで食べていた。谷崎が同店の稲庭うどんを現金書留で購入したことを示す文献が同店のホームページで紹介されている。

佐藤養助商店の会社データ（2024年8月現在）

社　名	有限会社 佐藤養助商店
創　業	1860年（万延元年）
代表者	代表取締役 佐藤正明
本　社	〒012-0107　秋田県湯沢市稲庭町字稲庭229
電話番号	0183-43-2226
事業内容	乾麺製造販売・飲食業
直営店	秋田県9店舗、東京（銀座・日比谷・浅草）

（同社HPより引用）

佐藤養助商店の年表

1665年(寛文5年)	稲庭干饂飩　宗家　稲庭(佐藤)吉左エ門創業
1690年(元禄3年)	干うどん、佐竹藩主の御用製造仰せ付けられる
1829年(文政12年)	佐竹藩江戸家老疋田松塘より御朱印を拝領、以後稲庭吉左エ門以外に稲庭干饂飩の名称使用禁ぜらる
1860年(万延元年)	二代目佐藤養助（養子＝稲庭吉左エ門の四男）創業。稲庭家に伝わる一子相伝の製造方法を製法断絶防止の為、特別に伝授され、うどん製造を開始する
1877年(明治10年)	第1回内国勧業博覧会褒状を受ける
1887年(明治20年)	佐藤養助、宮内省より御買上げの栄を賜る
1897年(明治30年)	フランス・パリ世界博覧会に出品する
1972年(昭和47年)	技術公開にふみきる。一子相伝の秘法を家人以外の職人も受け入れ、伝え、家業から産業への発展を目指す
1976年(昭和51年)	稲庭うどん協議会発足。養助、初代会長に就任
1980年(昭和55年)	組織を法人に改組し、「有限会社佐藤養助商店」とする
1995年(平成7年)	新本社工場完成、操業開始
2004年(平成16年)	七代佐藤養助会長、厚生労働大臣表彰「現代の名工」受章
2008年(平成20年)	総本店グランドオープン
2010年(平成22年)	創業150周年
2015年(平成27年)	第48回グッドカンパニー大賞「特別賞」受賞
2020年(令和2年)	創業160周年

（同社HPより抜粋・引用）

《佐藤養助商店》佐藤正明(さとう まさあき) 代表取締役インタビュー

　佐藤正明社長は、7代目佐藤養助の後を継ぎ、2004年に代表取締役に就任。同社は1986年から飲食店事業をスタートしたが、その当時は製造に20名、事務スタッフも2名くらいしかいなかったという。趣味はゴルフ、信条は「不動心」であることという。

　　　　　　　　　　＊　　　＊　　　＊

——貴社の社風はどのようなものでしょうか。
　アットホームな家族的な雰囲気です。おかげさまで、家内工業から地場産業へと企業として成長して参りましたが、一子相伝の「技」と「心」をしっかりと次の世代に伝えていくためにも、変わらぬ職場環境を保つことを心がけています。

——貴社の経営理念について説明してください。
　伝統の「進化と継承」です。伝統を守るだけでなく、新しいことにもチャレンジしていくことを目標にしています。

——貴社は顧客あるいは社会からどのような会社であると思われたいですか。
　品質はもちろん、従業員のマナー、人柄を含めて地域でナンバーワンといわれる会社でありたいです。「原点＝人づくり」を大切にし、「お客様に感動していただけるうどん」を作ることが私たちの使命だと思っております。

——会社の売上規模の推移についてお教えください。

1980年に法人組織になりましたが、その当時の売上高は9,000万円前後でした。それ以来、おかげさまで売上高は順調に伸びてまいりました。生産が全く追いつかないときもありました。現在、稲庭うどん製造元は約90軒ほどで、全体の業界規模が約60億といわれています。弊社は、その中で約4割のシェアを占めていると思われます。

——流通ルートには変化はありますか。

販売が7割、飲食店が3割くらいです。また販売の4割から4割5分が贈答品です。その中でも、インターネットの販売が毎年1.5倍くらいに増えています。テレビ番組で取り上げられることがありますが、翌日の問い合わせや申し込みは、ほとんどが電話ではなくインターネットです。

——事業をもっと拡大していく構想はないのでしょうか。

当社の稲庭うどんは手作りであるため、急激な量産ができません。一人の職人が一日につくれる量には限界があります。製造に3日かかり、その後、検査と検品があるので、出荷までに結局4日は必要です。おかげさまで口コミもあり顧客層は増えていますが、急激な拡大ではなく身の丈に合った生産を心がけています。足元をしっかりと見据えながら、少しずつ着実に広げていきたいと考えています。

——モノづくりに対する考え方をお聞かせください。

品質管理ISO9001を取得しました。品質の安定と向上については、現場で自主的にできるような環境の整備に努めています。

——価格については、どのように考えておられますか。

お客様に納得していただける品質のうどんを製造し、適正価格で販

売することを心掛けています。

——貴社の財務状況は近年如何でしょうか。
　過去5、6年は設備投資をしてきましたが、総本店オープン以後は設備投資も一段落し、財務状況は計画通り推移しております。

——貴社が長年、事業を継続できた要因は何でしょうか。
　150年の歴史がありますが、1972年以前は家業でやるしかなかったのです。それ以降、稲庭うどんを地場産業として定着させたいとの思いで製造して参りました。1986年に稲庭うどん処として本店をつくり、それ以降多くの旅番組、グルメ番組で取り上げてもらえるようになりました。かなりパブリシティ効果があったと思います。

——従業員を採用する基準で重視していることは何ですか。
　稲庭うどん作りは根気のいる仕事ですので、同じことを丁寧に繰り返すことができる真面目な人が必要です。昔は中途採用者がほとんどでしたが、本社工場を建設した頃から定期的に新卒者を採用できるようになりました。

——従業員教育において重視していることは何でしょうか。
　意識を変えていくことです。人の成長なくして企業の成長はありえません。お客様からの声をダイレクトに収集し、真摯に受け止め、改善していくことで品質の向上につながると考えています。その積み重ねが社員教育となり、自分たちの成長につながると思います。

——職人の育成には、どのくらいの期間が必要なのでしょうか。
　少なくとも製造分野で一人前になるまで、つまりコツを体得するまでは3年はかかります。また湿度などの判断能力を伴う製造管理とい

う点では10年かかります。

——人材育成の具体的な方法としてどんなことをされていますか。

　毎日の朝礼に「職場の教養」という小冊子を活用しています。この小冊子には、マナー、礼儀など仕事をする上での基本事項が紹介されており、その日の担当者が読み上げ、感想を述べるようにしています。たとえば「物は大切に扱いましょう」「信頼される仕事をしましょう」「誠実に対応しましょう」といった内容です。人前で自分の意見や感想を述べることも、人材育成につながると考えています。

——従業員の年齢構成はどうなっていますか。

　全社の年代別構成比率は、20代：27％、30代：25％、40代：22％、50代：19％、60代：7％となっております。製造分野では、ほとんどが高卒者であるので、20代後半には10年、30代後半には20年の経験をもつベテランの職人となります。

——最近、海外出張から戻られたばかりと伺いましたが、グローバルな事業展開についてお教え下さい。

　香港の現地法人が、当社の稲庭うどんを使った「稲庭　うどん・鍋」というレストランを展開しています。当社とは資本提携ではなく、あくまでも製品の提供、店舗づくりのノウハウなど業務提携をしております。この会社は香港の会社ですが、事業立ち上げの際に日本人の方がスタッフとしてかかわっていて、コミュニケーションにおいては随分助かりました。また、2010年12月にマカオにも業務提携店舗「うどん・寿司　稲庭養助」を出店予定です。

——円高の影響は受けていますか。

　原材料や包装資材の仕入れなどに、何かしらの影響があると思いま

す。

——貴社の行っている社会貢献活動はどのようなものでしょうか。

中学生のための職業体験は過去20年やっています。地元の高校生のインターンシップは1名〜2名を受け入れています。あとは各種イベントの参加や協賛ですね。また、地域の行事などがあるときは、従業員が休暇を取りやすい職場環境を整備しています。

——老舗企業の経営者に求められる資質、能力、適性とはどのようなものでしょうか。

『進化と継承』守るべきものはしっかりと守りながら、時代の流れに沿った革新の連続によって、長年にわたって継続できたのだと思います。これからも、「原点」を忘れることなく、伝統の技と心を次の世代に伝えていくために「人づくり（社員）」を大切にし、『不動心』の心を持って一歩一歩着実に新しいものにチャレンジしていくことが必要だと考えています。

★取材を終えて——

稲庭うどんの存在については子供の頃は知らなかったが、ひやむぎは大好物だった。小学校1年生のとき、何かを見て感想を言うという課題があったとき、窓のサッシを見て「ひやむぎが食べたい」と答え笑われた記憶がある。今から考えれば先生は「花を見てきれいだな」とか「空を見て広いな」という答えを期待していたに違いない。もの心がついたときから麺類が好きである。うどんも好きだが、讃岐うどんのような太い麺のうどんが普通と思っていたが、ひやむぎ好きの自分には稲庭うどんの食感が合っている。

筆者が勤務する宮城大学には秋田県の出身者も多いが、その中でも秋田県南秋田郡井川町出身のフードビジネス学科3年生の松田渚さん

に稲庭うどんについて聞いたところ、きりたんぽ鍋の後に入れて食べることがほとんどだという。また彼女の実家ではよく稲庭うどんを頂戴するそうで、ほとんどの場合、鍋に入れて食べるものというイメージという。また同じ3年生の秋田県由利本荘市出身の佐々木香生莉さんは、稲庭うどんは日本一のうどんと思っているそうで、佐藤養助商店のイメージキャラクターである「いなにわん」の大ファンだという。

　いなにわんは、秋田犬がうどんのせいろを頭からかぶっているキャラクターで、佐藤養助総本店店舗前で昼頃になるとお客さんを出迎えることが仕事で、特に子供たちに人気がある。このように秋田県民の誇りであり、県を代表する贈答品である稲庭うどんの今後の更なる成長に期待したい。

〔脚注〕
1　稲庭うどんは、讃岐うどん、名古屋のきしめんとともに日本三大うどんのひとつである。製造工程は、食用植物油を使用せず打ち粉としてでん粉を使う点や、乾燥前につぶすことによる平べったい形状に特徴がある。麺は気泡により中空になっており、そのために食感は滑らかである。
2　稲庭うどんについて記述のある「稲庭古今事蹟誌」によると、寛文年間以前に秋田藩稲庭村小沢集落（現：秋田県湯沢市稲庭町字小沢）の佐藤市兵衛によって始まると伝えられている。またその製法技術は、日本海交易により福岡からもたらされたとする説や、山伏から教えられたなどの諸説がある。
　　稲庭うどんの製造業者が多数存在する秋田県湯沢市は、秋田県南部に位置し県内でも指折りの豪雪地帯の山間にある。古くから秋田（羽後国）南の玄関口として発展してきた。小野小町生誕の地とされており、ブランド米の「あきたこまち」や秋田新幹線「こまち号」の由来になっている。湯沢市の人口は約5万人で、稲庭うどんが誕生した寛文の頃は、良質の小麦の産地であった。
　　稲庭うどんを製造するのは、ほとんど中小規模の株式会社、有限会社、家族経営の自営である。秋田県稲庭うどん協同組合には、佐藤養助商店をはじめ、寛文五年堂、無限堂、雪の出羽路茶屋、稲庭古来堂、稲庭古峯堂、稲庭宝泉堂、稲庭吟祥堂本舗、稲庭古城堂、稲庭屋、熊谷麺業、稲庭絹女うどん、佐藤養悦本舗、稲庭うどん渓水、稲庭手延製麺、佐藤長太郎本舗、後文、勘十郎本舗

など約18社が加盟している。加盟していない製造業者を加えると、90軒ほどあると思われる。製造は手作業で行われ、手間ひまをかけることで、顧客の信頼を得ている。
3. 一子相伝というのは、学問や芸術や技術の秘伝を自分の子のひとりにだけ伝えること。

〔参考資料〕
・佐藤養助商店ホームページ　https://www.sato-yoske.co.jp/
・『稲庭うどん物語』無明舎出版編（無明舎出版）2007年
・日本経済新聞「NIKKEIプラス1」2010年8月14日
・『「こし」の秘密は気泡にあり』（秋田魁新報2004年11月21日）
・『MBA経営キーコンセプト』鶴岡公幸・松林博文著（産業能率大学出版部）1999年
・『日経ビジネスマネジメント』「成長とCSR　社会に背を向ける日本企業の盲点、マイケル・ポーター」Spring 2008.

9章　老舗企業の今後の課題

ブランドがあり顧客からの信頼を得て、長年、事業を営んできた老舗だが、老舗企業はそのブランド力ゆえに経営が今後も安泰かといえば、決してそうともいえない。米イーストマン・コダックは2012年1月19日、米連邦破産法11条（日本の民事再生法に相当）の適用を申請した。デジタル化への対応の遅れで、米国の産業史を代表する老舗企業（創業1880年）すら経営破綻に追い込まれた。一方、わが国においては、老舗企業の倒産動向調査（帝国データバンク）によると、2005年2月には老舗倒産（設立後30年以上経過した企業の倒産）の全倒産に占める割合は30.2%と単月ベースで過去最高を記録した。

　老舗企業倒産の増加要因としては、
①産業構造の変化に対応できない企業の淘汰
②バブル崩壊による資産価値の下落の影響が新設企業よりも大きい
③企業の開業率の低下による企業全体の高齢化
となっている。特に食品関係では、日本酒の醸造業が苦戦している。

　たとえば福井県大野市にある源平酒造は、2010年9月に自己破産を申請し、破産手続きの開始決定を受けている。江戸時代前半から続く老舗（1673年創業）で「源平」ブランドで多数の賞を獲得してきたが、今後はスポンサーを募って事業の継続を目指す模様である。また、2009年には舞姫酒造（長野県諏訪市）、2010年には明治時代に創業した新潟市の上原酒造が民事再生法の適用を受けており、酒造会社の苦境は続いている。

　一方、創業から約540年の長い歴史を持つ長崎県五島市のスーパー経営、川口分店が破産申請の準備を進めていることが2011年6月に報じられていた。東京商工リサーチ長崎支店によると、同社は九州・沖縄では最古の企業で、室町時代の1470年（文明2年）に創業。当初は塩田を経営し、その後は業態を変えながら1940年に合名会社を設立。近年はスーパー（「まるかわストアー」）を経営していたが、大型店の進出などで経営が悪化。2011年4月には店舗を閉鎖していた。

このように老舗を取り巻く環境は決して楽とはいえない。では、老舗が今後も事業を継続していく上での課題は何であろうか。

〔1〕 看板商品の品質を死守
——品質の維持・向上（安全安心・信頼）

まず挙げられることは、看板商品の品質の維持・向上が最優先事項といってよいであろう。他業種と比べて老舗の商品数は数があまり多くない。看板商品が打撃を受けた場合、他の製品では全社の売上を簡単には挽回できない。賞味期限の改ざんで問題となった「赤福餅」を販売している三重県伊勢市の株式会社赤福や、北海道土産の定番「白い恋人」を販売している石屋製菓は一時的には打撃を受けたが、短期的な売上拡大よりも、品質重視の経営方針へ転換するきっかけとなり、業績は回復している。品切れによる販売機会の損失リスクよりも、顧客からの信頼を失うブランド価値の逓減は挽回が難しく、避けなければならない。

〔2〕 経営環境の変化に対応
——消費者との良好な関係を構築

老舗の最大の資産はブランドであり、それを支持するロイヤルカスタマーの存在である。しかし、老舗企業へのブランド認知率は、年齢層によって大きく異なる。特に若年層への浸透は、意外と高くなさそうである。新興の専門店の台頭もあり、若年層顧客はそちらに流れかねない。また、老舗食品企業の成長の土台となった百貨店の売上が低迷しているのみならず（日本百貨店協会が1月19日発表した2011年の全国百貨店売上高は6兆1525億円となり、既存店ベースでは前年比2.0％減と15年連続で減少した）、百貨店自体の数が減っている。

日本百貨店協会の調べでは、1999年に全国で311店あった百貨店は2010年には261店にまで減少している。最近だけでも、都城大丸（2011年1月）、まるみつ（長野県諏訪市、2011年2月）、博多大丸長崎店（2011年7月）などの地方都市、そして、そごう八王子店（2012年1月）など、郊外型店舗の閉鎖が相次いでいる。百貨店は集客力のある都心店に力を入れている。

　このような状況の中で、老舗企業は、無店舗販売にシフトすることが重要と思われる。またインターネットのみならず、それを介したツイッターやフェイスブックなどのソーシャルメディアの台頭により、企業のコミュニケーション活動やブランド戦略を実行する際に従来の「マスメディア＋デジタル」という概念から、「複合メディア」という視点で、様々な消費者接点を統合・最適化を目指す必要がある。

　これは、従来のマーケティングコミュニケーション活動の中に消費者の「参加、協働」という要素を積極的に取り入れることで、企業ブランドと消費者の間に強い絆をつくるという発想に基づくものである。業種は全く異なるが、エンターテイメント産業におけるAKB48の総選挙は、顧客をイベントに参加させる顧客参加型マーケティングの成功例である。

　早稲田大学商学学術院長兼商学部長の恩蔵直人教授は、「R3コミュニケーション・デザインフレーム」を提唱しているが、これには「B to C」型のコミュニケーション回路だけでなく、消費者を自社製品やブランドの「サポーター（ファン）」と位置づけた「B with S(supporter)」型の仕組みを取り入れ、サポーターからの口コミ評判を促進するといったユニークな発想が盛り込まれている。

　R3とは、製品やブランドが自分向けのモノであるという認識を深めていく「自分ごと化（Relevance, レレバンス＝関連性）」、製品、ブランドやキャンペーンに関する口コミ評判を高める「評判化（Reputation、評判形成）」、そして製品やブランドと消費者を強い絆

で結び付ける「パートナー化（Relationship、関係構築）」である。老舗企業は、このような「R」から始まる3つのブランド評価指標を高めるコミュニケーションアイデアを開発することでブランド価値を高めるとともに、消費者との良好な関係構築が今後の方向性として考えられるであろう。

〔3〕後継者育成計画（サクセッションプラン）
——早い時期から後継者を見極め、育成する

　多くの企業が，創業して30年もたない。つまり2代目、3代目に引き継ぐことがいかに難しいかを表している。豊臣秀吉はサクセッションプランに失敗し一代で豊臣家は滅亡したが、徳川家康は在命中に2代目将軍秀忠のみならず、3代目将軍家光までサクセッションプランを考えて成功し、260年もの長い間、徳川幕府を守った。

　一般的に創業者は、叩上げで苦労をしており人望もあるが、2代目は創業者ほどハングリーではなくカリスマ性もないことが多い。また創業者が引退しても存命であるなら、2代目社長をある程度バックアップできるし、創業者が残した資産がある。ところが3代目になるとすでに創業者が築き上げた資産も底をつき、創業当時のスタッフもいないので、新たな経営環境の中でしっかりと舵取りをできる経営者が必要となる。

　創業者がワンマンでやり手であればあるほど、多くの場合、将来を担う後継者が育っていないケースがほとんどである。目先の業務にかかりきりで、後継者の育成をないがしろにした結果、人材が育っていない状況があるとするなら、企業の将来のリスクは極めて大きいといえる。したがって、通常の人材育成よりも、後継者の育成はより経営者のコミットメントが必要となるため、経営者の大きな課題は後継者を決め育成することである。

"人は競争力の源泉である"という認識のもと、特に欧米企業では、後継者育成計画（サクセッションプラン）が将来のビジネスの成功の鍵を握っていると考えられており、取締役会やトップマネジメントの主要責務として認識されている。アメリカのIBM前会長兼CEOのルイス・ガースナーも日経ビジネス誌（2010.1.11号）とのインタビューの中で次のように語っている。「中略〜経営者の力量が判断されるのは、実は素晴らしい人物を後任に選べるかどうかにかかっています。後任の経営者が認められてこそ、前代の社長が評価されるのです。私の考えでは、トップになったらすぐに後任を育てるべきです。仮に自分が10年や15年トップを続けるにしても同じことです。私自身もIBMのトップになってすぐに後任候補の選定に取りかかりました。」

　『ビジョナリーカンパニー』の著者であるジェームズ・C・コリンズも、「経営者にとっての最終試験は、自分自身を超える優秀な後継者を選ぶことである。経営者の通信簿は、その結果が明らかになるまでは出てこない。」と日経ビジネス誌（2010.10.4号）とのインタビューで語っている。

　後継者への継承は同族だからではなく、最も人物的にも能力的にも経営トップとして相応しいという信頼を内外で得られる形とタイミングでバトンタッチをすることが望ましい。そのためには、サクセッションプラン（succession plan）、つまり「後継者育成計画」をたて、後継者を見極め、育成することが必要である。

　サクセッションプランは、人事部よりも経営層の関与を必要とすることが特徴である。アメリカでは、社長をはじめとする経営幹部が後継者を指名し、次世代を担う人材を、彼らの責任において計画的に育成するやり方が一般的である。該当するポストが空席になった際に、迅速に適切な人材を配置し、権限と責任の空白を極力排除することが可能となるからだ。

　では経営者として必要なコンピテンシーとは何か。以下が挙げられ

る。
①経営全般を俯瞰する視野を持っている。
②組織のビジョンを最も理解し、事業計画を作成できる。
③部下（後継者）を育成することができる。

　したがって、実務担当者としてある専門分野で優秀であったとしても、経営管理者として必要なコンピテンスを備えているとは限らない。名選手名監督にあらず、とスポーツの世界ではいわれているが、ビジネスの世界でも実務者として内外の高い評価を得ていながら、経営者になったとたんに全く機能しない人は珍しくない。したがって、経営者としての実績がある人材を外部からリクルートして、いきなりCEOやCOOに就任させることが外資系企業のみならず日本企業でもしばしば見られるようになった。ただし、注意したいことは、サクセッションプランは、各企業独自の組織文化や経営環境に合った手法が最も効果的で、他社の成功モデルをそのまま適用できるほど容易なことではないことを認識する必要がある。

　将来の経営者を育成するためには、欧米のビジネススクールでMBA取得を目指すことは大いに意義があると思われる。MBAは将来の経営者を育成するプログラムであり、経営管理の基礎知識のみならず、英語力や海外のみならず将来性のある他の日本人とのネットワークをつくることに役に立つので、老舗企業の経営者は、子弟に対して安易な語学留学ではなく、ハードであっても経営の基本を英語で学べるビジネススクールへの派遣を考えることを提唱したい。

〔4〕ブランド管理の重要性を認識する

　老舗の最大の資産はブランドであるが、その反面、最大のリスクもブランド管理の難しさにある。本書で紹介した老舗企業においても、

のれん分けが存在する。

　のれん分けには、メリットとデメリットが伴う。メリットとしては、短期間における規模の拡大、知名度の向上、のれん分けをされる従業員のモチベーションアップ（就労意欲の向上）などが挙げられる。

　一方、デメリットとしては、のれん分けしたところでトラブルが発生すれば、その影響を受けることになる。船場吉兆がその例であろう。船場吉兆は、1991年、吉兆の創業者・湯木貞一が子供たちに吉兆ののれん分けを行ったとき、三女・湯木佐知子の婿養子であり吉兆の板前でもあった湯木正徳が当時の吉兆船場店を与えられて開業した。その後正徳社長と経営陣でもあった妻子らにより1999年に福岡市に博多店を開店して九州進出を果たし、また大阪の阪急百貨店や福岡の博多大丸と提携し、吉兆ブランドの商品を販売するなど多角化を進めていた。しかし過剰ともいえる採算重視の方針が仇となり、2007年に賞味期限切れや産地偽装問題が発覚し、全店舗で営業を休止。翌年1月に民事再生法の適用や経営陣刷新（正徳社長をはじめとする佐知子新社長を除く幹部の退任）を行った上で営業を再開したが、同年5月、客の食べ残し料理の使い回しが発覚。これが追い討ちとなり客足が遠退き採算が見込めなくなったため、5月28日に大阪市保健所に飲食店の廃業届を提出した。

　なお、他の吉兆グループ（本吉兆、京都吉兆、神戸吉兆、東京吉兆）は定期的な会合を行う程度で資本関係は一切なく、営業方針もそれぞれに委ねられていた。しかし船場吉兆の度重なる不祥事により、改めて食の安全性について適正に行われているか調査する必要が生じたため、コンプライアンス委員会を新設し、共同で監査を行っている。他の吉兆は、船場吉兆とは直接関係ないということはわかっていても、吉兆というブランドが傷ついたマイナスを完全に取り戻すにはまだ時間がかかりそうである。

　このように老舗は、そのブランドで顧客からの信頼を得ているが、

それが裏切られたときのリスクはより大きなものとなり、メディアでも取り上げられやすい。本稿を書いているとき、ちょうど熱海にある老舗の岡本ホテル（創業1932年）を含めた会員制温泉リゾートクラブ「岡本倶楽部」を運営する「オー・エム・シー」（東京、破産手続き中）が不正に預託金を集めていた事件が報道されている。老舗の看板は、マイナスの報道もされやすいのである。

またブランド管理においてさらに注意すべきことは、ブランドが定着し規模が全国に広がれば広がるほど、ブランドの拡散が起こるというパラドックスに陥る点である。ナショナルブランド化することによるブランド価値の希薄化（brand dilution）が発生するリスクを同時に抱えることになる。ブランドの希薄化とは、ブランドが拡散することにより本来そのブランドが持っていた希少性が相対的に逓減し、顧客から見た価値が減少してしまうことである。

たとえば、文明堂は、全国で知られたカステラのトップブランドでありその知名度では圧倒的であるが、全国で入手できるようになったがゆえに、ブランドの希少性はなくなってきている。その結果、百貨店の中には文明堂のみならず福砂屋、名品館では長崎でしか買えないご当地カステラが置かれやすい。

ディズニーランドも遠く離れたアメリカ、パリ、そして東京にあるからこそ、全国そして全アジアから集客できるのであり、やたら数が増えてしまうと有難味がなくなってしまう。

〔5〕グローバル化への対応を考慮する

老舗の醤油メーカーであるキッコーマンは売上の25％、利益の半分は海外事業が生み出しているというが、老舗企業の多くは中小企業であり、人材の確保に困難さがあるゆえに、グローバル化への対応はあまり進んでいない。日本の人口は減少傾向にあるが、その一方で、

世界の人口は新興国を中心に増加している。特に中国、ベトナムなどのアジアには 900 万人の中産階級がおり、購買力がある。
　海外に行って飲食をした経験のある人なら誰でもが実感するのは、日本の食べ物の美味しさ、精巧さ、美しさである。食品の加工、製造技術は中国やベトナムなど ASEAN 諸国においては、かなりの優位性があり、かつ、人々の味覚も似かよっていることから、ポテンシャルは高いと考えられる。
　日本の大学にいる留学生は 7 万人だが、そのうち 6 万人は中国人である。ドンキホーテは新卒入社の 4 割が中国人、ローソンでも外国人スタッフを積極的に採用している。優れた外国人を採用、維持するためには、日本人と昇格、昇進機会が平等であり、能力や貢献度に応じて処遇される制度が必要であるが、若年層の減少や就労意欲の低下の状況においては、外国人の採用も将来のグローバル市場への事業展開を考えるなら、今後は考えていく必要があるであろう。

〔引用・参考資料〕
・『日経ビジネス』（日経 BP 社）2010.1.11「勝つ組織は指針で決まる」・2010.11.8「うちのエースはアジア人　もう日本人には頼らない」・2010.10.4「不沈企業への五訓」
・毎日新聞 2009 年 11 月 29 日
・京都新聞 2010 年 5 月 22 日
・朝日新聞 2011 年 2 月 24 日
・読売新聞 2011 年 6 月 21 日・2012 年 1 月 20 日
・『図解でわかるヒューマンキャピタルマネジメント』鶴岡公幸・石原美佳著（産業能率大学出版部）2005 年

10章　老舗から何を学ぶか

老舗の戦略のエッセンスは、持続的な繁栄を支える「売れ続ける仕組み」にある。これは戦術とは違う。「戦術」とは短期的な「売れる仕掛け」であり、戦略の失敗は戦術では取り戻せない。そして、その「売れ続ける仕組み」を実現するための組織は、どのようになっているだろうか。老舗というと古めかしいイメージがするが、企業として長く生き続けるために必要なハイパフォーマンス組織になっている。ハイパフォーマンス組織とは、高い組織力を発揮し、継続的に業績、利益を上げている組織をいう。
　その特徴としては、主なものとしては以下が考えられる。
①トップリーダーの強い指導力（リーダーシップ）
②ビジョンの追求
③シンプルな組織
④少数精鋭のスタッフ
⑤ 顧客との距離が近く、顧客満足に焦点を当てている
⑥製品の品質を重視する
⑦最前線の社員を強化するとともにチームワークを強調する
⑧人材育成に熱心、効果的に表彰、認定を行い、従業員のモチベーションを高める工夫がある
⑨起業家精神に溢れており、新規のアイデアを歓迎する
などが挙げられる。
　では我々は、老舗から何を学ぶことができるだろうか。具体的にもう少し触れてみよう。

〔1〕経営理念の継承

　老舗企業の最大の社会的貢献は、長年事業を継続していることである。それによって、雇用を生み、法人税を払っている。老舗の強みの源は、経営理念がしっかりと根づいており、一時的な経済環境の変化

にあってもそれは変わらず、決してブレないことであろう。

　経営理念は、国家でいうなら憲法のようなもので、社内の求心力になるだけでなく、判断に迷ったときの行動指針になる。特にリスクマネジメントにおいては重要である。老舗企業に共通する理念は、「顧客を大切にすること」と「温故知新」、つまり先達からの教えに謙虚に耳を傾け、新しきをすること、である。

　長年の友人で、ピーター・ドラッカーの経営理念をベースにした中小企業向けのコンサルタントをしているポートエム代表の国永秀男氏は、経営者セミナーの初日に「何のために貴社は存在しているのですか」という質問をするそうだが、老舗企業の経営者ほど、はっきりとした明確な回答をするという。老舗の企業には、代々受け継がれてきた経営者の在り方を律する家訓があり、それが行動規範となっている。そして経営者のみならず、社内に浸透させる努力をしている。そして老舗には、自分たちの理念を守る頑固さがある。「千疋屋らしさ」「木村屋らしさ」「榮太樓らしさ」にこだわり、それを大切にしている。製品の品質はもちろん、それ以外の顧客と触れあう細部（例：店舗づくり、パッケージ、従業員の接客態度）にまでこだわりを持っている。

　また前任者から引き継がれている「良くて奢らず、悪くて焦らず」が、老舗企業の経営者に共通する姿勢のようだ。何があっても、ジタバタしない、バタバタしない、ブレない姿勢と事業継承への強い意志が、社員からはもちろん、顧客、取引先、地域社会などの利害関係者（ステークホルダー、stakeholder）からの信頼を得るのである。単なる事業規模の拡大は"是"ではないどころか、身の丈に合わない事業拡大は自殺行為であるという戒めを守っている。したがって、むやみと全国を点で広げるより、地方・ブロックの面を取り、エリアで断トツという企業が多い。そのほうが、マーケティング生産性がはるかに高いことは言うまでもない。

　理念には顧客を大切にする、従業員を大切にする、など派手ではな

いが、いつの時代にも共通するものである。言ってしまえばビジネスをする上で当たり前のことだが、当たり前のことをコモンセンス（常識）に基づいて着実にやることは、意外と大変なことである。

　経営理念の継承のためには、経営管理者がその理解を社内に徹底させる姿勢が不可欠である。リーダーは支配者ではなく教育者である、とドラッカーは説いている。社員は基本的には正直で信頼に足る存在であるという姿勢を見せる良い経営者のもとでは、社員の士気は高まるのである。

〔2〕人材育成と採用

　老舗の特徴として、人材育成に熱心なことが挙げられる。人を大切にし、人の成長がなければ企業の成長もないというのが老舗の経営者に共通する考え方であることがインタビュー取材で明らかになった。

　毎年、東大合格者をたくさん出す全国屈指の進学校として知られる神戸の灘中学・灘高校は1927年（昭和2年）に設立されたが、設立者は菊正宗酒造、白鶴酒造、桜正宗といった灘にある酒造3社であった。老舗企業が人材育成に熱心で、地域の教育環境向上へ貢献をしてきた一例でもある。老舗に限らず、人材こそ組織の基盤であることは言うまでもない。

　戦国最強の武将と恐れられた武田信玄は「人は城、人は石垣、人は堀」と、人材の大切さを説いた。経営の神様、松下幸之助も「経営者にとって最も大切なことは人材の育成である。業績はその結果にすぎない」と語り、社内のみならず日本の未来を担う人材の育成をライフワークとしていた話は有名である。また、近年成長が著しい韓国のサムスングループの創業者、イ・ビョンチョル氏は、「人材第一（企業は人なり）」を経営の根幹に据えた。企業を支えているのは、立派な建物や綺麗なオフィスではなく、人材である。

10章　老舗から何を学ぶか

　インタビューをした老舗企業では「うちは特別な教育をしていない」との回答がほとんどであった。老舗の教育は、当たり前のことを当たり前のようにやる。あくまでも基本に忠実であること。先輩から後輩への指導が自然とできるプロフェッショナリズムがあることである。蒔いた種はすぐに実をつけるわけではないが、種を蒔かなければ何も起こらない。

　老舗企業の教育の特徴は、同業他社よりも、マナー教育に力を入れている結果、その従業員は接客スキルが巧みであり、個別のお客様のニーズに合った接客方法で、常連客を創る。その結果、そうした常連客からの紹介、口コミで顧客基盤が少しずつ広がっていく。特に贈答用の高額商品になればなおさらである。

　人材の採用については、その会社の仕事や製品が「好きであること」が大切であるという。「好きこそものの上手なれ」というが、自分の仕事が好きであることが成果を生む。ピーター・ドラッカーも「強みの上に己を築け」と言っているが同じことである。

　このように好きで入社してきた社員はロイヤリティが高いことに特徴がある。瓦せんべいで知られていた老舗の和菓子店「菊水総本店」（神戸市中央区）が2009年1月末で廃業した。同社の創業は1868年（明治元年）で、2006年にUCC上島珈琲の子会社となり再建を進めていたが、事業継続を断念した（瓦せんべいは、湊川神社の社殿が完成した1872年：明治5年、祭神の楠木正成の功績を後世に残そうと考案されたものである）。

〔3〕PLCモデルからの脱却

　老舗においては、PLC（プロダクトライフサイクル、Product Life Cycle）モデルはほとんど関係がないように見受けられる。PLCモデルとは、製品も人間と同じように、誕生してから成長を続け、大人に

なり、やがて老人となり衰弱して死を迎えるというものである。

しかし製品の運命は人と異なり、導入期、成長期、成熟期、衰退期という過程をたどるという仮説は、実際にはあまり当てはまらないのではないだろうか。まず多くの製品が誕生し発売されるが、ほとんどが成長することなく消滅していく多産多死となっているのが実情である。アイスクリーム、カップ麺、飲料水などは、その典型例である。企業も同様で、創業から3年ともたない企業がたくさんある一方で、100年以上続く老舗もある。この違いはどこにあるかを考えることが大切で、PLCモデルは信頼するものではなく、概念的枠組みとして知っておく程度のことである。

つまり、プロダクトライフサイクルは概念としては理解できるが、企業、特に老舗企業にはあてはまらない。その理由は以下のとおりである。
- ブランド品にはまず当てはまらない
- 製品によって段階カーブが大きく異なる
- 成熟期から、再び成長期になることもある

図表10－1　プロダクトライフサイクル（PLC）

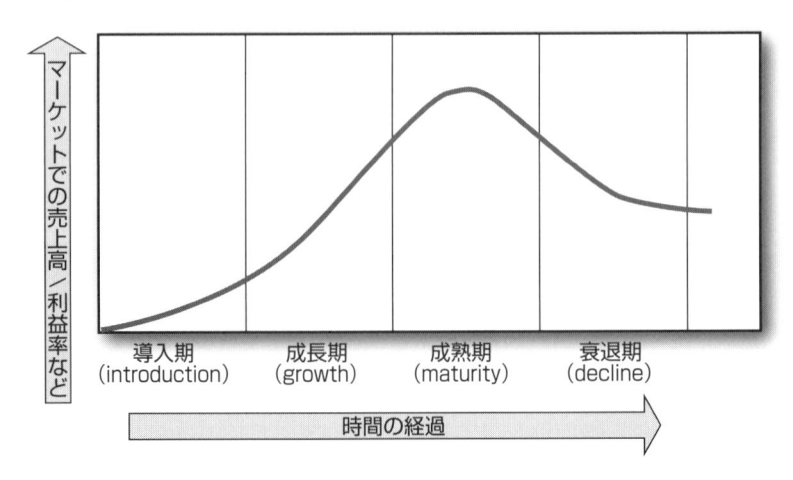

- 同じ製品群で技術革新が起こることがある

〔4〕取引先と共存共栄、WIN-WIN の関係を構築する

　近江商人の行商は、他国で商売をし、やがて開店することが本務であり、旅先の人々の信頼を得ることが何より大切であったという。そのための心得として説かれたのが、売り手よし、買い手よし、世間よしの「三方よし」である。取引は、当事者だけでなく、世間のためにもなるものでなければならないことを強調した「三方よし」の原典は、1754 年（宝暦 4 年）の中村治兵衛宗岸の書置である。売上規模の拡大や他社との競争ではなく、「三方よし」を基本路線とすることが、老舗の特徴であり、長寿の秘訣かもしれない。特にその中でも、ロイヤルカスタマーとの関係の強化、リレーションシップマーケティングを大切にしている。

　経営者インタビューから明らかなように、ますます競合相手が特定しづらい状況になっている。同じ業界の中でトップ企業に追いつく、追い越すといった単純な競争図式にはならない。したがって、競合他社に対する競争優位ということだけを考えること自体、意味が薄れている。

　法政大学大学院の久保田章市教授による調査（『百年企業、生き残るヒント』角川 SSC 新書）によれば、創業 100 年以上の企業の 96％が従業員数 300 人未満の企業、いわゆる中小企業だという。しかも 10 人未満で 50％と半分を超えている。売上規模は 100 年経てば物価も大きく変動するので単純比較はできないが、従業員数で見る限り、「低成長や現状維持」でも、企業は存続できるのだ。雇用も長期にわたり守ることができる。

〔5〕積極的な設備投資

　老舗企業は、長年経営を継続できているから、財務的には安定しているると一般的には思われがちであるが、インタビューの印象では必ずしもそうではない。企業の安定性を示す指標で高いほうがより安定していると考えられている自己資本比率（総資産における純資産の割合）が意外と低いようである。また、低いほうが安全であるといわれている固定比率はむしろ高く、200％を超過している企業も少なくない。老舗のブランド力で金融機関から積極的に借入を行い、他社に先行して積極的な設備投資をしている。この結果、キャッシュフロー計算書における投資活動によるキャッシュフローはマイナスになっていることが多いが、営業活動におけるキャッシュフローが黒字であれば、むしろ健全な状態といえる。特に本書で取り上げた老舗の食品企業は製造業であり、主力製品の生産設備に関しては最先端を走っていると思われる。老舗のビジネスは、攻めをやめ守り一辺倒になった瞬間、衰退がはじまる。

〔6〕時代に合わせたマーケティング

　個食の時代に合わせたマーケティング戦略を認識する必要がある。贈答品においても小分けしてあるものや、食べきりサイズのものがよい。年末に虎屋の羊羹を頂戴したが、一個50グラムで、「はちみつ」「おもかげ」「紅茶」「夜の梅」「新緑」と5種類が入っており、食べきりサイズの羊羹が詰め合わさっている。羊羹は人数がいないとなかなか一本を食べきれないことがあるが、これなら安心できる。また長崎県大村市出身で宮城大学のTA（Teaching Assistant）をしているファームビジネス学科3年生の松原敦子さんから福砂屋のカステラで2切れ

だけ入っているミニボックスを受け取ったが、とても気にいった。

我が国は人口減である。しかし、その中身を細分化して捉える必要がある。たとえば、人口は減っているが世帯数は増えている。これは単身世帯（一人暮らし）が増えていることに他ならない。単身者は、学生・20代やお年寄りの一人暮らしばかりではない。30代、40代、50代の単身世帯（結婚していない、あるいはしていても別居している）が増えていることに注目しよう。不景気でも高級家電はよく売れているらしい。分譲マンションでも価格の高い高層階から売れていくと、ライオンズマンションを販売する（株）大京の友人から聞いた。

不況、デフレ、人口減と嘆く前に、情報を細分化して捉えてみよう。どんな時代でも売れているものは売れている。高いものでも売れている。一方、顧客数を増やすとかえって利益が減ることもある。よい顧客こそ大切で、特に成熟市場では顧客数を増やすことは、マーケティングコストの上昇を招き、一時的に売上増になっても必ずしも利益増に結び付かない。限られたマンパワーで多くの顧客に対応しようとすると一人当たりへのコミュニケーション量が薄まってしまうからだ。

戦略とはトレードオフを常に意識しなければならず、「下手な鉄砲、数を撃ちゃ当たる」というやり方は経営的に余裕のある大企業ならありえるが、中小零細の老舗企業が市場の成熟期においては選択することはできない。ライバル社と比較して顧客へのコミュニケーション量が劣っていれば受注できない。つまり「数を撃つから当たらない」と考えることもできる。顧客数を減らすことで売上を上げた企業は多い。つまり、成熟市場において戦略なしに顧客数を増やすと売上が減る危険性があるということだ。そうならないためには優良顧客を選択し、営業活動のプロセスに応じて適切にコミュニケーション量を配分することが大切となる。

〔7〕社員の満足をはかる
　　　——顧客満足と社員満足と企業満足は三位一体

　そもそも顧客満足を得る活動を行うのは従業員である。その従業員が不満だらけだと、顧客満足が得られるはずがない。しかし従業員を甘やかしていると競争に勝てず顧客満足は得られず、企業は衰退する。従業員満足を得るために、給料、福利厚生、休暇ばかり増やしていては企業は存続できない。それに顧客満足を得るために赤字で販売したり過剰サービスをしてばかりだと従業員の士気は高まらず、働きがいを感じない。また目の前の企業収益のみを重視しすぎると、顧客満足も従業員満足も疎かになる。
　このように顧客満足と社員満足（従業員満足）と企業満足（収益）は、トレードオフ（一方を追求すると他方を犠牲にせざるをえない）になりがちなものである。社員満足の乏しい企業の顧客満足が単なるお題目になってしまう理由である。顧客満足と社員満足（従業員満足）と企業満足（収益）とは相互に矛盾なく一体化させなければならない。そう簡単なことではないが、これがマッチしたときに顧客満足への歯車は継続的安定的に回転する。

〔8〕凡事も徹底してやる

　老舗の経営者から聞いた成功の条件は、当たり前のことを、徹底して継続してやり抜くことが結果として圧倒的で絶対的な差となるということだ。普通のことを普通にコツコツやっていくのが近道である。清掃、あいさつ、顧客への定期訪問など凡事も徹底すれば、それは立派な差別化戦略。凡事を徹底すれば、社員の「気づき、気配り、気働き」が高まり「仕事観」が確立し、「愛他精神」が涵養される。そ

の結果、顧客へのサービス価値が高まり、社員間の信頼関係、連帯意識が高まり、チーム一丸力が増す。差別化というと、他者とは全く異なったこと、違ったことで注目されるような奇抜なアイディアを考えたくなるが、凡事を徹底せずして、企画、アイディア、手法に走っても、持続的な繁栄は困難だ。凡事徹底は企業の基礎、基盤である。

図表10－2　一般企業と老舗の違い

項目	一般企業	老舗
経営理念	お題目	浸透
目的	市場シェアの拡大	顧客のマインドシェアの維持
経営指標	売上高	営業利益
社風	競争・成果主義	信頼・チームワーク
マナー教育	形式的	徹底的
経営者	社員間の争い	同族（前任者が指名）
ライバル	競争	共存共栄
擬似商品	マイナス要因	プラス要因（引立役）
社会貢献	お付き合い	主体的な取り組み
競争力	営業力	ブランド力
戦略	リーダー、チャレンジャー、フォロワー	ニッチャー

〔参考資料〕
・『この老舗に学べ！』平松陽一著（フォレスト出版）2004年
・日本経済新聞 2011年2月2日　200年企業 141—成長と持続の条件「人の行く裏に商機あり」
・『MBA経営キーコンセプト』鶴岡公幸・松林博文著（産業能率大学出版部）1999年
・日本経済新聞 2011年2月21日「集中講義」市場を考える「自己資本比率」
・ランチェスター戦略『一点突破』の法則 No.275、No.309 他
・『日経ビジネス』（日経BP社）2010.7.5「経営理念に立ち返れ」

〔本書全体の参考資料〕
・『百年企業、生き残るヒント』久保田章市著（角川SSC新書）2010年

あとがき

　「老舗のマーケティング」というテーマで書籍を執筆したいと最初に思いついたのは、今から約7年前のことである。当時、KPMGあずさ監査法人の研修部シニアマネジャーをしていた筆者は、企業の人事・研修担当者向けの月刊情報誌である「企業と人材」に連載されていた「老舗の人づくりに学ぼう」（平松陽一）を読んでいた。

　その中で、昔から大好きな名古屋の味噌煮込みうどんの老舗「山本屋総本家」が取り上げられていたことに興味を覚え、「老舗の教育」がテーマになるなら、「老舗のマーケティング」という視点でも書けるにちがいないと思ったのがそもそものきっかけである。

　それからテーマとして温めてはいたが、転職、引っ越しなどが重なり、取り掛かるまでに随分と時間がかかった。そして、一気に書き上げようとしていた矢先、3月11日に発生した東日本大震災により、大学の研究室は水浸しとなり、通常の生活を取りもどすために3ヵ月かかってしまった。さらに取材した老舗企業の中でも石巻に本拠を置く白謙蒲鉾店の状況も、大きく変わったため、再度、内容の確認をとるための追加取材の必要に迫られた。

　考え起こせば、子供の頃から老舗には漠然とした興味はあった。NHK朝の連続ドラマの「赤福のれん」（原作：花登筐、主演：十朱幸代、放映1975年）は、今でも覚えている。この物語は伊勢の老舗「赤福」に嫁いだ浜田ますさんをモデルとした戦中戦後を通してのれんを守る女性の生きざまを描いたストーリーである。NHKではその後も「澪つくし」（脚本：ジェームス三木、主演：沢口靖子、放映1985年）という千葉県銚子の老舗醬油醸造元をモデルとしたドラマが制作され、

あとがき

　高視聴率を挙げた。老舗には、日本人の心を打つ魅力とストーリーがある。合理性ばかりを追求する表面的な経営ではなく、じっくりと長い時間の経過の中で生き続けている老舗から学ぶことは多い。本書の構成を考えながら東京駅構内を歩いていたら、駅弁コーナーの脇の特設販売コーナーでは、横川駅の「峠の釜めし」が、飛ぶように売れている光景を見て、つい自分も買ってしまった。老舗のブランド力は、日本人の心の中で根強く息づいているのだ。
　今回取材にご協力いただいた老舗企業から感じることは、誠実に顧客に接し、信用を大切にして顧客と親しくなり、商人の義によって利益を得て、経営においては顧客、従業員のみならず同業他社を含めて、業界全体のことを考える仁愛の心を大切にしてゆくという商人道徳観の強いことに特徴があることであった。
　また老舗企業は同族経営が多いが、同族経営者はサラリーマン社長と違い、自分の任期だけを無難に乗り切りたいというのではなく、いかに良い環境で次世代にバトンタッチするかという当事者意識の塊である。
　本書で紹介した老舗企業のように、たとえ不景気であっても企業は成長が可能である。景気循環もプロダクトライフサイクルも地域格差も事業が上手くいかない理由にすることはできないだろう。そして老舗企業の競争力の基盤にあるのは、試行錯誤の末に築かれた小さな成功の積み重ねの信頼とブランドである。

　最後に本書の取材にご協力いただいた木村屋總本店の木村光伯社長、白謙蒲鉾店の白出征三社長、榮太樓總本鋪の細田眞社長、山本海苔店の山本德治郎社長、千疋屋総本店の大島有志生常務、文明堂東京の仁平勝之総合企画部総合企画課長、佐藤養助商店の佐藤正明社長、佐藤壽彦常務に心から謝意を表したい。
　また本書の内容に関しては、宮城大学食産業学部フードビジネス学

科の教員、学生、および料理研究家の牛原琴愛先生から貴重なアドバイスを頂戴した。また本書作成においては、企画構想段階から3年の長期にわたり辛抱強く支援いただいた産業能率大学出版部 編集部課長の榊淳一氏には特にお世話になったことを申し添えたい。

著者紹介

鶴岡公幸（つるおか　ともゆき）

1962年生まれ。横浜市出身。キッコーマン（株）、（財）国際ビジネスコミュニケーション協会、KPMGあずさ監査法人、宮城大学食産業学部を経て、2014年、神田外語大学外国語学部国際コミュニケーション学科教授、現在に至る。

ロータリー国際親善奨学生として、インディアナ大学経営大学院に留学。同校にてＭＢＡ取得。早稲田大学大学院商学研究科博士後期課程単位取得後退学。共著書に「ＭＢＡ経営キーコンセプト」「図解でわかるヒューマンキャピタルマネジメント」（産業能率大学出版部）他多数。

趣味は、工藤江里菜（シンガーソングライター）の応援。

老舗──時代を超えて愛される秘密──　　　　　　〈検印廃止〉

著　者　鶴岡公幸　　　　　　　Tomoyuki Turuoka, Printed in Japan, 2012.
発行者　坂本清隆
発行所　産業能率大学出版部
　　　　東京都世田谷区等々力6-39-15　〒158-8630
　　　　電話　03(6432)2536
　　　　FAX　03(6432)2537
　　　　URL　https://www.sannopub.co.jp/
　　　　振替口座　00100-2-112912

2012年3月11日　初版1刷発行
2024年12月10日　2版1刷発行

印刷所／渡辺印刷　製本所／協栄製本

（落丁・乱丁本はお取り替えいたします）　　ISBN978-4-382-05661-9
無断転載禁止

老舗

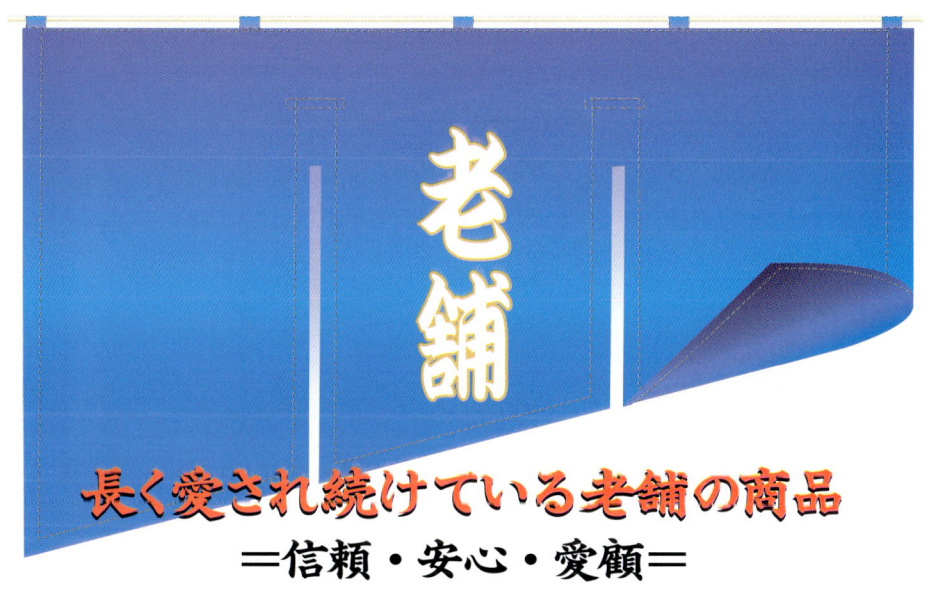

長く愛され続けている老舗の商品
＝信頼・安心・愛顧＝

長年の研究開発によってもたらされる
技術の蓄積から生まれた高度な品質、
小さな努力と工夫の積み重ねの成果である。

木村屋總本店〔あんぱん〕

「和洋折衷」の草分け〔酒種あんぱん〕

白謙蒲鉾店〔笹かまぼこ〕

徹底した衛生管理と厳選された材料で作られた上品な味わいの［極上笹］

榮太樓總本鋪〔飴〕

安政年間から売れ続けている
［梅ほ志飴］

リップグロスの形状をした人気商品
［スイートリップ］

山本海苔店〔海苔〕

海外でも大好評の
［はろうきてぃ のりチップス］

国産海苔100％の品質と美味しさ

千疋屋総本店〔果物〕

高級品の代名詞［マスクメロン］

旬のフルーツを使った
［千疋屋スペシャルパフェ］

文明堂〔カステラ〕

ふんわり生地で餡を包んだ［三笠山］

伝統と職人の技に育まれた
味の芸術品

佐藤養助商店〔稲庭うどん〕

一子相伝の技と心を伝える［稲庭干饂飩］